한국 유산기

그리운 산 · 나그네 길

한국 유산기 遊山 그리운 산·나그네 길

김재준 지음

1판 1쇄 발행 | 2018. 12. 17

발행처 | **Human & Books**
발행인 | 하응백
출판등록 | 2002년 6월 5일 제2002-113호
서울특별시 종로구 삼일대로 457 1009호(경운동, 수운회관)
기획 홍보부 | 02-6327-3535, 편집부 | 02-6327-3537, 팩시밀리 | 02-6327-5353
이메일 | hbooks@empas.com

ISBN 978-89-6078-683-7 03980

遊山

한국 유산기

그리운 산 · 나그네 길

김재준 지음

Human & Books

차례

한국 유산기 흘러온 산·숨쉬는 산

그리운 산 · 나그네 길
한국 유산기

　옛 선비들은 산을 찾는 것이 하나의 문화였으며 오늘날 세계 여행쯤 되는 대단한 일이어서 등산이라 하지 않고 유산(遊山)이라 했다. 단순히 놀며 즐기는 것보다 이름난 산을 따라 다니며 자연을 섬겨 구경하였던 것이다. 산을 신성하게 여겨 마음을 다지며 도를 닦는 곳으로, 여행의 대상으로 삼았다. 요즘 등산처럼 하루 · 이틀 아니라 길게는 몇 달씩 걸리는 오랜 나그네 길(Grand Tour)이었으니 시간과 물질적 여유가 없으면 어려웠다. 그럼에도 올곧은 성품을 가지려 산으로 강으로 흘러간 것이다. 무위자연(無爲自然)을 실천하려 있는 그대로의 자연에 거스르지 않고 안분지족(安分知足)의 삶을 추구하였다. 18~19세기 루소(Rousseau)와 소로(Thoreau)도 자연을 외치며 숲으로 갔으니, 동서양을 막론하고 문명 속에서 이기적인 마음을 순화시키려 산을 찾았고 자연을 최고의 스승으로 쳤다.

　해외 산악관광을 다녀온 사람들은 우리나라 산은 보잘 것 없다고 한다. 맞는 말이다. 그러나 3천 미터 넘는 거대한 산은 신의 영역이어서 위압감을 주기 때문에 교감이 어렵다. 히말라야 · 안데스 · 로키 · 킬리만자로 · 알프스 등에 비하면 규모는 작지만 어머니 품처럼 우리 산은 아늑하고 사연도 깊다. 그러기에 선현들은 산 · 나무 · 풀이름을 하나라도 예사롭게 짓지 않았다. 봉화산 · 국사봉 · 옥녀봉 · 매봉산 · 남산… 꽝꽝나무 · 딱총나무 · 생강나무, 사위질빵 · 며느리밥풀 · 노루오줌 · 도깨비부채……. 특히 4천 개 넘는 산에서 봉화산 이름이 제일 많은 것은 그만큼 침략에 시달렸다는 사실이다. 오죽했으면 꽝꽝나무였겠는가? 이러니 어느 것 하나도 숱한 애환과 혼이 녹아들지 않을 수 없었을 것이다. 민초들이 어렵고 나라가 위태로울 때 산천초목(山川草木)도 울었고 함께 숨 쉬면서 서로 동질성을 느끼게 되었다. 겉모습만 견주어 우리 산을 보잘 것 없다고 할 것인가? 그 의문에서 이 책을 쓰게 되었다. 산은 나의 주장에 동의해 줄 것으로 믿는다.

질풍노도(疾風怒濤)의 시절부터 홀린 듯 산에 다니며 꿈을 키우던 세월이 어느덧 30여 년 되었다. 새벽같이 산에 이끌려 오르내리던 날들, 숲속에서 길을 잃고 낯선 곳으로 내려와 숨은 이야기를 물으며 숲이 부르는 소리, 나무가 들려주는 노래도 알았다. 미끄러지고 뒹굴며 땀에 젖은 수첩에 순간의 감동을 놓치지 않으려 안간힘을 썼다. 궂은 날씨도 아랑곳하지 않고 오로지 현장을 채록하며 사진기에 표정을 담았다. 식물의 냄새·풍경, 산천의 유래, 전설과 더불어 자연생태의 이파리 뒷면에 가려져 있던 인문적인 것까지 들춰내려 애썼다. 부족하지만 청소년들에게 호연지기를 키우고 숲과 문화를 알리는 데도 보탬이 됐으면 좋겠다. 그리운 산·나그네 길, 한국 유산기를 펴내며 오늘도 발길을 새로 딛는다. 산길의 반려자가 되어준 친구, 사진 정리에 애쓴 영신 작가님, 흔쾌히 출판해 주신 휴먼앤북스 하응백 박사님, 손을 내밀어 준 모든 분들께 인사드린다.

2018년 9월 지은이 김재준(재민)

내포의 정기 가야산

남연군묘 · 오페르트 도굴사건 · 내포 · 손석우묘

개암나무 · 상여 · 윤봉길 · 산의 개념

7월 18일 토요일 새벽에 비가 내렸다. 정부청사 숲에는 안개가 흐려 외계(外界)를 연상케 한다. 대전에서 7시 50분 출발, 대전 · 당진 고속도로를 달린다. 햇빛이 없으니 에어컨을 끌 수 있어 좋다. 예산 휴게소에 잠깐 들렀다가 아침 9시 덕산 시장에서 물과 먹거리를 샀다. 9시 40분 덕산도립공원 주차장엔 햇볕이 쨍쨍 내리쬔다. 후끈 달은 포장길을 10여 분 지나자 길가에 호두 · 말채 · 살구나무, 일본목련이 푸른 잎을 자랑하고 있다. 껍데기를 벗겨 한약재로 썼다는 데서 일본목련을 후박(厚朴)이라 부르기도 한다.

남연군묘(南延君墓) 팻말을 따라 간다. 고개 들어 주변을 훑어보니 산세가 예사롭지 않은데 오른쪽이 옥양봉, 가운데 석문봉, 왼쪽으로 가야봉이다. 남연군묘까지 되돌아오는 데 10킬로미터 정도 5~6시간 예상하고 있다. 10시쯤 제각비, 가야사지, 남연군묘가 한 곳에서 자리다툼 하는 듯 안내판이 제각각이다. 망주석, 장명등, 비석……. 보기에도 엄정하게 자릴 지키고 섰다.

옆에서 걸음을 재촉한다. 묘를 살피느라 20분 정도 머물렀다.

"무덤 앞에 양을 만들었어?"

"석양(石羊)인데 사악함을 물리치고 명복을 빈다고 그래."

남연군묘

석양

　"……."

　내려오면서 패철을 놓으니 건좌손향(乾坐巽向)[1]이라. 물(得水)은 신(申)방에서 을진(乙辰)으로 흘러(破口)간다. 쟁탈전을 벌인 주변에 개망초 꽃이 하얗게 폈다. 아귀다툼 하다가도 인연이 다하면 속물로 돌아가는 하찮은 신세, 그냥 꽃이 아닌 "개" 자(字) 붙은 개망초다.

　사방으로 갑자기 구름이 몰려오고 쫓기듯 오른쪽 옥양봉으로 걸음을 옮긴다. 농로 따라 모감주·감·느릅·쪽동백·호도나무들이 칠월의 빛깔을 내며 열매를 익히고 섰다. 산 위에서 보는 형국이 자못 궁금해 다리에 힘을 주어 본다. 10분 더 올라 갈림길(옥양봉2·석문봉2킬로미터), 사람들은 왼쪽으로 가는데 관음전 방향으로 올라간다. 본격적인 숲길이다. 차 한 대 지날 정도로 여유 있는 길. 여느 산처럼 소나무를 비롯해서 쪽동백·작살·때죽·개암·국수·물푸레·병꽃·사람주·비목·당단풍·생강나무가 주종인데 밤나무는 잎이 좀 넓다. 내륙지역의 잎 가장자리에 가시처럼 거치가 심한 것과 비교된다. 팥배·누리장·굴참·굴피나무 아래로 까치수염 흰 꽃을 보며 10시 50분 관음전이다. 인적은 없고 아래로 내려다보니 남연군묘를 중심으로 외청룡·백호가 겹

---

1) 건방(乾方) 북서(北西)에서 손방(巽方) 남동방향(南東方向)을 바라보는 좌향(坐向).

관음전

내려다보는 산서

겁이 달려간다.

가야산은 예산 덕산면과 서산 운산면, 해미면에 북·남 방향으로 뻗은 명산이다. 가야봉을 중심으로 원효봉(元曉峰), 석문봉(石門峰), 옥양봉(玉洋峰)이 있다. 신라 때부터 춘추제향을, 조선시대까지도 제사를 올렸던 곳으로 알려졌다. 능선을 따라 진달래, 억새풀 경치도 빼어난데 수덕사가 있는 덕숭산과 함께 1973년 덕산도립공원이 됐다. 백제 때 상왕산(象王山), 신라통일 후 가야사를 세운 뒤 가야산이라 하였다. 충남 서북부를 남북으로 내포와 태안반도의 경계를 이룬다. 이곳에서 동으로 흐르는 물길은 삽교천(揷橋川)을 통해 아산호로, 서쪽은 천수만(淺水灣)으로 흘러든다.

등산로 표시가 친절할 정도로 잘 대 있다. 관음전 옆으로 길이 나 있어 다시 내려가야 하는 수고는 덜었다. 여기서 0.4킬로미터 올라가면 옥양봉(玉洋峰). 군락을 이룬 사람주나무들은 확실히 잎자루가 길어서 붉은 색을 띤다. 11시에 돌계단 오르며 땀을 흘려 옷뿐만 아니라 배낭까지 다 젖었다. 바위꼭대기에서 잠시 숨을 고르는데 왼쪽 산봉우리로 안개가 몰려다닌다. 서해를 스쳐온 공기가 상승기류를 타고 안개구름을 만드는데, 운해 속에 뒤덮인 해질녘 경치가 최

고로 꼽힌다. 서산, 태안, 천수만, 서해가 보이고, 내륙으로 예당평야가 시원하지만 아쉽게 다 볼 수 없다. 가야산에는 "백제의 미소" 서산마애삼존불을 비롯한 개심사, 일락사 등이 자리 잡고 있다.

20분 더 올라 옥양봉 621미터 지점(석문봉1.5 · 가야봉2.8 · 헬기장3.8킬로미터). 내려다보는 산 아래 터는 오묘한 그것을 닮았다. 안동김씨의 세도에 눌려 위태로웠던 흥선군 이하응은 복수의 일념으로 주정뱅이 행세를 한다. 발복(發福)을 위해 명당에 이장하려 풍수를 배우며 방방곡곡 돌아다녔다. 유명한 지관을 만나 이대천자지지(二代天子之地)를 알게 된다. 바로 이곳 예산군 덕산면 상가리 가야사(伽倻寺), 산세에 흥분을 감추지 못했으나 5층탑이 있었다. 당시 이 절은 수덕사보다 컸다고 한다. 우여곡절 끝에 절은 불태워지고 아들을 더 낳았는데 훗날 고종이다. 아들이 왕위에 올랐으니 은덕에 보답하는 의미에서 1871년 인근에 보덕사(報德寺)를 짓게 했다.

1868년 이른 봄 독일인 오페르트가 미국, 프랑스인 등 백여 명을 동원, 행담도(현 서해안고속도 휴게소)에 모선을 정박시키고 밤을 틈타 남연군묘 도굴을 시도한다. 이른바 천하명당을 파헤쳐 기세등등한 대원군을 꺾고, 유골을 조선 개방과 맞바꾸고자 기습하지만 무덤은 석회석으로 다져 놓아 실패한다. 몹시 화난 대원군은 척화비를 세우고 산 아래 해미읍성 등지에서 도굴에 간여했다는

이유로 천주교도를 학살하는 무진박해(戊辰迫害)[2]를 자행한다.

결과적이지만 강호에서는 현무(玄武)에 해당하는 석문봉은 남연군의 무덤인 혈장(穴場)을 피해 고개를 쳐들었고, 주위로 놓인 외청룡·백호는 날아가듯 안쪽(내청룡·백호)을 누르고 있다는 것. 이런 곳은 사찰이 들어와 압승(壓勝)을 하는데, 가야사의 결계(結界)[3]가 풀리면서 기운이 떠난 것으로 보고 있다. 아무리 군왕의 터라 할지라도 청룡이 백호에 눌려 둘째가 왕이 되었고 민비의 등장이 예견됐다는 것이다. 웅장한 산세가 시립(侍立)하듯 첩첩이 늘어서 있다. 꼭대기로 바라보면 석문봉을 주산으로 왼쪽으로 가야봉, 오른쪽 옥양봉이 각각 귀인봉[4]을 이뤘다. 석문봉에서 내린 줄기가 일어섰다 엎드리길 반복하는 산세는 드물다. 주룡인 산맥을 따라 오르면 힘이 느껴지니 명당이 꾸며진 이야기일까? 옥양봉에서 뻗은 청룡과 가야봉의 백호는 연이어 무덤을 감싸며 수구(水口)를 만들었다.

멀리 바람이 안개를 몰고 다니다 가끔 민낯을 보여준다. 구간마다 안내표시

2) 1868년 해미읍성에서 천주교 신자들을 생매장해 죽었다.
3) 일정한 곳을 지정하여 출입을 금하고 수행의 도량으로 삼는 것, 계(界)가 풀리면 기운이 악마의 날개 짓으로 아수라계(阿修羅界 산스크리트語, 인도신화에 나오는 인간과 신의 혼합. 악의 무리/ 바다 밑)로 날아간다고 함. 불교 의식을 행하는 장소 등으로 제한 구역.
4) 묘지 뒤 주산 왼쪽·오른쪽 봉우리(天乙·太乙).

석문봉

를 잘 해 놓았다. 11시 30분경 능선길(주차장2.7 · 석문봉0.9 · 옥양봉0.5킬로미터)
에서 때죽 · 비목 · 신갈 · 굴참 · 소나무들을 만난다. 정오 무렵에 갈림길(주차
장3.2 · 석문봉0.1 · 옥양봉1.4킬로미터) 지나고 10여 분 더 가서 석문봉(653미터),
안개가 서해를 완전히 덮어버렸다. 석문봉에는 태극기 날리고 돌탑이 운치를
더해준다. 건너편 바위에 앉아 빵, 복숭아, 막걸리 한 잔 점심. 누룩냄새가 좋
다. 유효기간 딱 1주일 당진 면천 막걸리다. 면천(沔川), 물 맑을 면(沔)으로 물
이 가득 흘러간다는 뜻이니 그 맛이야 오죽하려고…….

　우리가 앉은 바위는 서쪽으로 바람이 가려져 쉴 만하다. 안개도 잠시 바위
와 옥양봉을 활짝 보여준다. 그나마 다행이었다. 다시 능선을 걸으면서 육관
도사 묘에 들르리라 생각하며 내려간다. 손석우 선생은 1928년 울진 태생으로
오대산 기도 중 혜안을 얻어 산천지리에 밝았다. 김일성 사망을 예언했고 정치
인과 정부기관 터를 잡아주며 풍수지리서 "터"를 출간하여 유명했으나 법적공
방에 휘말리기도 했다.

구름에 가려진 능선

팥배나무

찰피나무

　12시 30분 바위 능선 길 걷는데 생육환경이 열악하면 생식에 몰입한다더니, 팥배나무는 푸른색 열매를 많이도 달았다. 찰피나무, 쪽동백 나무도 억세게 잎이 두껍다. 안개만 없어도 내포사방을 훤히 볼 수 있으련만……. 복잡한 해안선을 따라 육지 깊숙이 포구가 만들어져 고려시대부터 내포라 불렸다. 차령[5]산맥 서북부의 지리적 개념인 내포(內浦)지역은 "충청도에서 가장 좋은 곳"[6]으로 예산, 당진, 서산, 홍성 등 "가야산 앞뒤에 있는 열 고을이다." 난리 때도 적군이 들어오지 않았고 넓고 기름진 예당평야가 펼쳐져 있다. 동북쪽은 아산, 서북으로 예산과 당진, 남으로 산맥이 연결된 오서산의 보령, 청양이다. 바다를 가로지르는 아산 삽교호 방조제가 1979년 완공되었다.

　붉나무 · 미역줄 · 쪽동백 · 신갈 · 찰피 · 노린재 · 참회 · 쇠물푸레 · 사람주나무 지나 오후 1시가 되자 해미 쪽으로 안개가 벗겨졌다. 5~6년 전 천진난

5) 높다는 뜻의 수리고개 → 수레고개 → 차령(車嶺) 또는 차현(車峴).
6) 택리지(이중환).

구름 뒤집어 쓴 가야산 정상

만했던 서산마애불을 보며 감탄했었고 해미읍성에서 개심사까지 여름날 순례
길 걷던 기억이 새롭다. 5분 더 걸어 갈림길(주차장3.1·석문봉1.2·가야봉0.4킬
로미터)에 닿는다. 노린재·철쭉·물푸레·풀싸리·조록싸리·사람주·쪽동
백·진달래·생강나무를 바라보며 철탑지대 가야산 정상(678미터)에 닿지만
표지석 하나 없다. 중계탑인지 뭔지 때문에 더 이상 못 가고 내려가기로 했다.

　지금 1시 15분, 내려가는 경사가 급한 곳으로 하트모양 잎이 달린 찰피나
무, 잎맥이 뚜렷한 까치박달, 좀깨잎나무들이 그나마 위안을 준다.

"……."

"선생님 정상 표지석이 어디 있습니까?"

대뜸 "없어요." 한다.

산악회 산대장인 듯 자기네들도 아쉽고 맥이 빠졌다는 표정이다.

　갈림길(헬기장 0.9·상가리 주차장3.9·가야봉0.1킬로미터)에서부터 바위가 많

길게 늘어진 산세

정상조망 바위

산꼭대기 탑

석벽노송

은 내리막길이다. 미끄러지기 쉬운 곳이라 조심해서 내려간다. 참빗살나무와
비목나무가 연리목처럼 같이 붙어산다. 오래된 비목나무는 20미터나 되고 둘
레가 40센티 정도로 크다. 사람주나무도 녹색 열매를 달았다. 1시 45분경 내
려가다 그만 미끄러져 하늘이 노랗다. 한참 못 일어나서 이리저리 몸을 비틀다
겨우 정신을 차렸는데 팔꿈치 쪽으로 싹 갈아붙였다. 살이 헤져 피가 터진 것
같은데 이 산중에 팔을 걷고 옷을 벗어본들 뾰족한 수가 있겠나. 땀에 상처가
젖거나 말거나 그냥 걸어보기로 했다. 오후 2시, 여전히 팔이 쑤신다.

   못 언덕에서 네잎 클로버를 따 주는 정성을 두고 싱가리 쩌우시 부근에서
육관도사를 찾으러 다닌다. 손석우 묘는 "공원지역에 불법으로 썼다고 수난을
당하기도 했다. 세속적인 의미의 대명당과는 거리가 멀고 남연군묘와 500미
터 지점 길옆에 있다."[7] 지관들은 꿩이 엎드려 있는 복치혈(伏雉穴)로 자손 부
귀영화보다 평범한 지기라고 한다. 육관이나 남사고나 당대 최고의 풍수가였

───────────

7) 동아일보 기사(1998.9.16., 12.1), 1998.8.29 조성(예산군 덕산면 상가리 산5의104).

개암나무

참빗살나무

지만 중이 제 머리 못 깎는다는 말이 딱 맞다.

들길 따라 내려가는데 개암나무 이파리에 빗방울 또르르 구르며 떨어진다. 밑쪽에 숨은 듯 흔치 않은 개암열매 몇 개씩 달렸다. 어릴 때 우리 동네에선 "깨금"이라 불렀다. 꼭 깨물면 고소한 맛이 좋았던 시절이었건만 오랜 세월 흘렀다. 딱딱한 껍데기를 이빨로 깨뜨리니 아직 덜 익었다. 상수리나무 열매나 알밤을 아람이라고 하는데 아람보다 못하다고 개아람으로 불리다 개암이 됐다. 자작나무과, 낮은 산이나 논둑에 1~2미터 자란다. 영어 이름이 헤이즐넛(hazel net), 터키나 유럽 등지에서는 커피향 원료로 쓴다. 헤이즐넛 커피다. 지방·단백질·당분이 많아 군것질거리로, 제사상에 밤 대신 쓰기도 했다. 감기에 좋고 기름을 짜 식용유로 썼는데, 신혼 방에 잡귀를 없애준다고 믿어 등잔불을 밝혔다. 깨물면 "딱" 소리가 나서 도깨비들이 도망갔다고 한다. 유럽대륙, 아일랜드에서도 악마를 쫓는 부적으로, 부의 상징으로 여겼다.

먼 옛날 공주 얼굴이 하도 예뻐서 남들이 절대 보지 못하게 했다. 어느 날 시녀가 세수하던 자기를 보자 칼로 죽여 버린다. 그런데 얼굴에 튄 핏물이 지워지지 않자 공주도 죽고 만다. 그 자리에 개암나무가 생겼는데 지금도 개암나무 잎에 붉은 반점이 있다. 사실 햇볕에 타는 것을 막기 위해 어린잎 가운데 붉은 반점이 생기지만 차츰 없어진다. 어쨌든 개암은 이름이 앙증스럽다.

"남은들 상여집" 2시 30분에 닿는
다. 경기 연천에서 이장해 올 때 썼
던 상여를 마을에 내려준 것이라고
한다. 모형이지만 앞에 세운 꼭두인
형이 정겹다.

상여(喪輿)는 죽은 사람을 장지
(葬地)로 운반하는 제구(祭具)다. 가
마 비슷하나 더 길다. 앞뒤 길게 뻗은 몸채 나무에 양쪽으로 가로 막대를 대고,
좌우 두 줄 끈을 어깨 매고 나른다. 네 귀퉁이에 기둥 포장을 쳐 연꽃·봉황으
로 채색·장식했다. 옛날에는 마을마다 상여 한 틀 마련해서 상엿집에 보관하
였다. 상여 메는 사람을 상여꾼·상두꾼, 대개 천민들이었으나 청년이나 망자
의 친구들이 대신했다.

한바탕 소나기 그치고 못 아래 하얀 개망초꽃 흐드러지게 피었다. 3시경 주
차장으로 돌아왔으니 5시간 정도 걸었다.

3시 30분 덕산읍내 약국으로 와서 상처 난 팔에 붉은색 요오딩크로 소독하
고 파스를 붙였더니 한결 덜 하다. 매헌 윤봉길의사 기념관에서 1시간 가량 머
물렀다. 들어가면서 예덕상무사(禮德商務社) 기념관이다. 보부상은 이성계를
도와 개국공신이 되고 병자호란 때는 임금을 도운 공으로 전매특권도 가진다.
인조는 패랭이 좌우에 목화송이를 달아 집·싱인과 구분하도록 했나. 병인양요
때 상병단을 조직해서 결사 항전한 전력이 보부상 내력이다.

장마철인 탓에 충의사(忠義祠) 내부는 습기가 많다. 향을 가득 올리고 참배
한다. 제 몸을 태워 연향을 피우듯 나라 위해 청춘을 바친 의사의 영정에서 조
국을 생각해 본다. 윤봉길(尹奉吉)의사는 1908년 예산 출생으로 호는 매헌(梅

윤봉길의사 기념관

軒). 10세에 덕산보통학교에 입학했으나 3 · 1운동을 계기로 식민지 교육을 거부한다. 한학을 배우며 농민독본을 집필, 농촌계몽운동으로 경찰의 주목을 받는다.

월진회를 만들어 회장에 추대되나 살아 돌아오지 않겠다[8]는 편지를 남기고 중국으로 떠났다. 김구를 만나 1932년 4월 29일 야채상으로 변장, 홍커우 공원 일왕 생일 행사장에 폭탄을 던져 일본대장 등을 죽였다. 총살형을 받고 그해 12월 25세의 젊은 나이에 순국하였다. 장개석은 "4억 중국인이 못한 일을 한국인 한 사람이 해냈다."고 격찬하며 독립운동을 본격적으로 지원하게 된다.[9] 광현천하대장군(光顯天下大將軍) · 저한천하대장군(抵韓天下大將軍)[10]이 힘차게 새겨진 장승을 한참 동안 바라본다.

한 사람은 망하게 하고 한 사람은 나라 위해 몸 바치고…….

5시경 대전으로 출발이다. 돌아오는 길에 교통신호를 기다리는데,

"모조리 '산'자(宇) 돌림이네."

---

8) 장부출가생불환(丈夫出家生不還).
9) 후일 장개석이 장렬천추(壯烈千秋) 친필을 보내왔다.
10) 광현당은 윤의사 생가, 저한당은 윤의사가 23세까지 성장하던 곳.

"······."

도로표지판 아래 글씨는 산, 산, 산, 산으로 예산·덕산·서산·아산이 나란히 씌어 있다. 산이나 언덕이 좋으니 덕산(德山)이요, 물산이 풍부해서 예를 더했으니 예산(禮山), 서해낙조가 상서로워 예사롭지 않아 서산(瑞山), 어금니 바위 있는 아산(牙山), 이 모든 것은 산에서 비롯되었으니 과연 '산자(字) 돌림'이라 할 수밖에······.

산(山)이 무엇이던가? 언덕보다 높은 것을 산이라 하지만 영국에서는 1,000피트(305미터), 미국은 2,000피트(610미터)이상을 산(mountain)이라 하고 그보다 낮으면 언덕(hill)이다. 우리나라는 100미터 이상을 산으로 치는데 4,400개 정도다. 1,000미터 이상을 높은 산, 500미터 이하를 낮은 산이라고 생각한다. 산은 종교, 문화, 사상, 예술의 근원. 오늘 이 산에 바빠서 오지 못한 사람들 위해 와유(臥遊)[11]의 기회를 생각하며 페달을 밟는다.

---

11) 누워서 유람함. 비유적으로 집에서 명승이나 고적을 그린 그림 등을 보며 즐김

탐방길

● 전체 10.7킬로미터, 5시간 20분 정도

공원주차장 → (20분)남연군묘 → (50분)관음전 → (20분)옥양봉 → (20분)능선길 → (40분)
석문봉 → (50분)가야봉 정상 → (50분)저수지 식당촌 → (25분)상가 저수지 → (15분)남은
들 상여집 → (30분)공원주차장

* 조금 빠르게 두 사람 걸은 평균 시간(기상·인원수·현지여건 등에 따라 다름).

극락정토로 가는 배, 관룡산·화왕산

옥천사 터 신돈 · 장승 · 솟대 · 관룡사 · 전통지붕 · 용선대 · 산천비보 · 화왕산

억새 · 배바위 · 득성지비 · 척경비 · 산신령과 산신각 · 만다라 꽃 · 남명 조식

억새 따라 걷는 길

늦여름 아침 안개는 산 아래 있고 주차장에서 5분 걸어 옥천사 터를 둘러본다. 8시 반, 아무리 폐사지라지만 이토록 흔적 없이 사라졌을까? 악착스레 깨뜨린 것 같다. 빈터에 잡초가 주인이다. 신돈(辛旽, 遍照 ?~1371)은 고려 말 승려. 본관은 영산(靈山), 아비도 모르는 옥천사 여종(寺婢)의 아들이라 해서 불우한 시절을 보낸다. 전국을 방랑하다 홍건적을 물리친 김원명의 추천으로 공민왕 신임을 얻었으나, 귀족들의 방해로 파란만장한 인생을 살았던 개혁적 정치가다.

공민왕이 칼에 찔릴 지경인데, 어떤 중이 나타나 죽음을 면하게 된다. 이튿날 김인명이 신돈을 왕에게 보여주니 간밤의 꿈에서 본 중이었다. 왕은 신돈으로 하여금 대궐에 불법을 강론케 하고, 청한거사(清閑居士)라 일컬어 국정을 맡겼다. 절대적인 왕의 신임에 따라 신돈은 기득권으로부터 백성들을 구제해 주었다. 전민변정도감(田民辨正都監)을 설치하여 불법으로 탈취했던 토지를 돌려주게 하고 노비를 해방시켰다. 권문세가는 격분했으나, 백성들은 성인으로 여겼다.

옥천사 터 / 극락암 천왕문 / 복수초

노국공주의 죽음과 후사 없는 공민왕의 뒤를 이은 우·창왕은 왕씨가 아 닌 신씨라 하는데, 신흥세력이 꾸민 음모설이라는 것이다. 송도에 왕기가 다했 으므로 평양 천도를 주장하자 귀족들의 음해 등으로 공민왕과 갈라섰고 심복 을 시켜 왕을 죽이려 했으나 수원에서 목이 베였다. 신돈이 죽자 그가 나고 자 란 옥천사는 역적의 절이라 하여 불태워졌다. 한때 세상을 바꾸려 했던 풍운아 였지만 색마·요승·개혁가·성인으로 다양하게 평가받고 있다. 역사는 이긴 자의 것이라는 걸 실감하면서 쓸쓸하게 발걸음을 옮긴다.

관룡산은 옥천 보건진료소에서 극락암·심명고개·구룡산에서 정상으 로 종주하는 길, 관룡사·용선대를 지나 정상으로, 관룡사에서 청룡암·관룡 산·구룡산 돌아 원점으로 오는 것과 계곡이나 화왕산으로 연결해서 오르기 도 한다. 어느 해 3월 극락암, 영취산으로 종주하다 노단이 마을로 가서 길 잃 은 적도 있었지만 동남쪽 기슭 노랗게 핀 복수초에 위안을 삼았다.

관룡사 암고 돌장승

　10여 분 걸어서 오른쪽 옛길에 선 화강암 장승(長丞)을 만난다. 관룡사 들어가는 입구에 한 쌍이 마주보고 있다. 돌장승·벅수라고도 하며 주로 탈, 도깨비 모양이 많은데, 툭 튀어나온 익살스런 눈과 주먹코가 투박하게 새겨져 있다. 대장군의 코를 베어 삶아먹으면 아들을 낳는다 하고, 18세기 천연두가 창궐할 때 세운 것이 많다. 장승은 불로장생의 준말로 장생·장신·장성·법수·벅수·수구막이·수살 등 여러 이름이 있고, 토지경계, 사냥·어로 금지, 잡귀 출입을 막는 수호신, 비보 등을 위해 마을 어귀나 사찰입구, 길가에 세워 이정표 역할도 하였다. 장승의 위치는 앞에서 봤을 때 왼쪽이 대장군, 오른쪽에 여장군을 세우고 길가나 마을 경계의 장승을 기점으로 거리와 고을을 표시하였다. 해방 후 미신을 없앤다는 명목과 70년대 새마을사업 등으로 많이 없어졌다. 장승 옆에 솟대를 세우기도 했다.

　마을에 과거급제 등 경사가 있거나 액의 감시를 위해 장대에 오리·갈매기·끼기기·독수리, 상원급제 때는 학을 앉힌 것을 솟대라 하는데, 지방에 따라 소줏대·솔대·솟댁·강솔대·별신대 등으로 부르고, 삼한의 소도(蘇塗)에서 비롯된다. 농가에서는 섣달에 볍씨 주머니를 장대에 달아 보름날 농악으로 풍년을 기원했다. 이처럼 솟대는 시베리아, 동북아 등 샤머니즘 문화권을 중심으로 청동기 시대부터 전래되어 왔다. 장승과 기능이 비슷해서 마을의 수호신, 소원을 비는 신앙의 대상이 됐지만 액막이 역할이 대부분이었다.

관룡사

9시경 관룡사 입구. 일주문이 없는 돌계단으로 올라가니 은행나무와 겨루는 돌문이 멋스럽다. 화려한 단청의 일주문에서는 위압감을 느끼지만 이 좁고 낮은 돌문은 친근감을 주는데 키가 커서 머리를 숙인다.

"좁은 문으로 들어가 봐야 겸허함을 배우게 돼."

"……."

경내 돌확에 물이 철철 넘친다. 관룡사는 내물왕 때 창건된 통도사(通度寺) 말사다. 이 절에 소원을 빌면 한 가지는 이뤄진다고 씌어있다. 원효가 설법하는데 화왕산 연못에서 아홉 마리 용이 승천하는 것을 보고 관룡사(觀龍寺), 구룡산(九龍山)이라 하였다. 물 한 잔 마시고 용선대로 올라가며 바라보는 기와지붕이 300~400년 된 소나무와 어우러져 수려한 동양화다.

나무 아래 앉아 잠시 쉰다.

"지붕을 봐."

"멋스럽네요."

"약사전, 명부전, 칠성각은 맞배, 대웅전이나 요사체는 팔작지붕입니다."

"……."

책을 엎어놓은 것이 맞배. 우진각은 옆면이 긴 삼각형, 팔작은 우진각에 맞배를 올린 것이다. 지붕 옆에 삼각형이 생기므로 합각(合角)인 팔작은 가장 늦

용선대

게 나타난 형태다. 사대부에서 권위를 강조하기 위해 팔작으로 지었지만 목재가 많이 들어 맞배로 고치는 경우도 있었다. 맞배는 고구려, 우진각은 북방계, 팔작은 중원(中原)으로 여겨진다. 조선시대에 오면서 맞배지붕 옆에 비바람 막기 위해 부채모양 풍판(風板)을 달았다.

9시 30분 통일신라 때 세운 용선대(龍船臺)에 닿는다. 기도하는 사람들이 점령해서 좀처럼 다가서기 어려운데 오늘은 괜찮다. 여성들 여섯이나 동행했으니 누가 범접할 것인가?

"여기 부처님은 최고의 명당에 계시는 분이라고 생각합니다. 용선은 극락정토로 가는 배인데, 날미디 마위에 앉아 숭생들을 위해 뱃길을 살피고 있습니다. 여러분도 이승을 떠날 때 용선을 탈 수 있습니까?"

"……."

"예."

"모두 극락가고 싶은 모양이네……."

"선덕을 많이 쌓아야겠지요?"

"……."

바닷가에서는 물에 빠져 죽은 사람을 좋은 곳에 가라고 용선굿을 하거나 용선춤을 추기도 한다. 이곳에서 산 모습을 살피면 땅기운을 누르기 위해 불상을 세웠다는 생각이 든다. 풍수지리를 더한 도참(圖讖)[1]사상이었을 것이다. 일제 강점기 때 방향을 슬쩍 틀었다고 한다. 극락 갈 배를 동쪽으로 가라고 했을까? 용선은 쪽배, 용을 형상화한 형태로 나타난다. 이 절의 큰집인 통도사 극락보전 벽에 반야용선(般若龍船)이 있다. 깨달아 피안에 도달하는 것을 상징적으로 묘사하기도 한다.

"……."

"여기서 빌면 병을 낫게 해준대요."

나는 제물(祭物)을 놓았다.

"웬 과일?"

"지난번 왔을 때 배고파서 한 개 먹었는데, 오늘 빚을 갚는 겁니다."

"……."

올라가는 길, 바위와 어우러진 비틀린 소나무들이 일품이다. 숨을 돌리려 아래를 바라보니 옥천지 너머 멀리 더 넓게 펼쳐진 산하, 막힌 것이 없다. 풍수지리의 기본이 갖춰진 터에 오른쪽(內白虎)을 누르기 위해 불상을 조성한  것이라 생각한다. 신라 말기 도선에서 비롯된 풍수지리는 산천의 허술한 곳을

---

1) 음양오행 · 풍수지리 등을 혼합하여 길흉화복을 예언하는 술법. 도선비기, 정감록 등.

보완하여 국운 상승과 왕조의 융성을 꾀했다. 이를 산천비보(山川裨補)라 했고 고려 때는 산천비보도감이라는 관청을 두어 절과 탑을 조성, 산수를 거스른 사찰은 없애기도 했다. 불교 쇠퇴로 숲, 장승 등 여러 형태의 비보사상이 나타났다. 나무계단을 힘겹게 올라 10시 30분 창녕읍 옥천리 관룡산 정상 754미터, 왼쪽으로 화왕산 억새평원이 보인다. 여기서 2.9킬로미터 화왕산 쪽으로 가는데 싸리·쇠물푸레·소나무·떡갈·신갈·사방오리·철쭉·진달래가 친구들이다. 동남쪽으로 가면 화왕지맥으로 연결되어 부곡온천까지 갈 수 있다.

10시 40분 옥천삼거리(화왕산2.2·옥천매표소4.1·관룡산1.2킬로미터) 비포장 큰길에서 화왕산으로 간다(박월산6.5·화왕산1.8킬로미터). 10분가량 넓은 길을 걸어 일야봉 산장 갈림길, 눈앞에 초가집 몇 채 보이는데 과거 영화 촬영 무대다. 관측소 오른쪽 길을 지나 잔솔과 억새 우거진 구릉지 같은 산을 걷는데 능선 아래 바위산에 노간주나무들이 이국적인 풍경을 그려 준다. 스코틀랜드 폭풍의 언덕 같은 곳에 원뿔 모양으로 섰다. 요정이 나올 듯, 악마가 나올 듯 온갖 상상력을 자극한다.

억새의 물결이 출렁거리는데 그야말로 억새바다로 난 길이 멀다. 11시 15분 화왕산(756미터) 정상이다. 인산인해, 사람들 피해서 건너 산으로 가는데 산 아래 흐린 안개에 실려 하늘로 오르는 기분이다. 화왕산은 낙동강에 이웃한 창녕의 진산으로 홍수가 잦아 화기로 물 기운을 누르기 위해 불 뫼로 불렸다. 수기(水氣)를 눌러야 풍년이 든다는 속실과 분화구 외곽으로 억새, 진달래 군락이 유명해서 해마다 억새 태우기 행사를 했으나, 2009년 대보름 때 2만 명 넘게 몰려와 6명이 사망[2]한 안타까운 일이 있었다. 원래 화왕산(火王山)이었는데 왕건과 일제 등에 의한 여러 설이 있으나 어쨌든 일(日)자를 붙여 화왕산(火旺山)이 됐다. 산성은 가야시대 것으로 정유재란 때 곽재우 장군이 창녕·영산·

---

2) 국제신문(2009.2.10).

화왕산

밀양 등지의 백성들과 왜적을 물리쳤던 요새였다. 창녕(昌寧)은 창녕·영산현(靈山縣)이 합친 것으로 불사국(不斯國), 비화가야(非火伽倻, 빛벌가야)라 했다. 영산을 서화(西火), 밀양 추화(推火) 등 불의 고장이었다. 화왕산 불과 낙동강 물이 만나 부곡온천이 생겼다고 믿는다.

억새와 갈대는 벼과 식물인데, 원래 둘은 산에 같이 살았지만 시냇가로 갈 때까지 간 갈대가 돌아오지 않자 억세게 기다리다 억새가 됐다. 으악새는 억새의 경기 방언. 살을 벨만큼 예리한 잎을 가진 억새에 비해 갈대는 부드럽고, 억새의 꽃무더기는 은빛을 띠는 가지런한 먼지떨이 모양인데 갈대는 좀 어수선하다. 이들의 중간쯤 되는 달뿌리풀은 강가에 어설픈 뿌리를 뻗는다. 억새는 산에, 갈대와 달뿌리풀은 계곡이나 호숫가에 주로 산다.

11시 20분 갈림길(지곡매표소2.4·배바위0.6킬로미터), 주변엔 라면과 막걸리를 파는데 마치 휴게소 근처에 온 기분이다. 창녕 읍내가 훤히 바라보인다. 10분쯤 걸어 배바위(화왕산정상0.7·지곡매표소2.8·동·남문0.6킬로미터)에 오른다. 건너편 용선대를 바라보는데 배바위와 거의 일직선, 동남쪽이 바른 위치인데 동쪽으로 틀어졌다. 화왕산은 배가 떠내려가는 행주형국(行舟形局), 창녕읍내

화왕산 억새, 뒤로 창녕읍내

술정리를 배를 매어 두는 마을이라 하여 맬 계(繫) · 배 주(舟), 원래 계주말(繫舟洞)[3]이다. 재물과 인물로 여긴 것이다. 술정리로 바뀐 것은 술정(述亭)이란 정자가 있었다 한다. 도선은 우리나라 지세가 배에 해당되므로 지역마다 많은 불상과 석탑(千佛千塔)을 세워야 한다고 주장했다.

창녕조씨득성비(昌寧曺氏得姓碑)로 가는데 중년의 남녀가 못을 내려다보면서 이야기를 나눈다.

"저긴 뭐 히는 곳이죠?"

"샘."

"산돼지 목욕탕."

"……."

신라 때 어떤 처녀가 병이 생겨 화왕산 못(龍池)에서 목욕재계를 하고 치성

─────────────
3) 창녕군청 안내(창녕읍).

배바위

창녕조씨득성지비

을 드리니, 신기하게 병이 나았으나 태기가 있었다. 꿈속에 대장부가 나타나 태어날 아이는 용의 아들이라고 했다. 후일 아들을 낳으니 겨드랑에 조(曹)자 형상이 있으므로 왕이 신기하게 여겨 조(曹)씨로 하였다.

정오 무렵 산성 남문 아래서 점심 먹고 바로 내려가기로 했다. 계곡물이 흐르는 호젓한 산길. 30분쯤 지나 바위 물소리 요란한데 잠시 후 너럭바위로 계곡물이 흘러 땀을 거누기 좋은 곳이다. 오후 1시 반 넘어 주차장이다. 매표소에서 신발 털고 창녕읍내로 달린다.

읍내로 들어가면 국보인 진흥왕 척경비(拓境碑)가 있다. 70~80년 세대는 순수(巡狩)비로 배웠다. 마운령비(함남 이원), 황초령비(함남 함주), 북한산비(서울), 창녕비로 외던 시절이 아련하다. 560년경 진흥왕이 이곳을 정복하고 사방군주를 수행, 아라·대가야에 선전포고로 세웠다. 작은 키만 하다. 창녕비에 땅을 넓힌 척경이 있어서 순수비에서 척경비로 불린다. 비석글자는 잘 보이지 않고 화왕산 기슭에 있던 것을 옮겼다.

관룡산 계곡

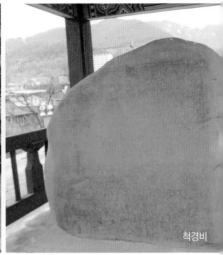

척경비

절벽에 매달린 산신각, 비들길

어젯밤 비가 내려선지 산마다 안개가 오락가락 한다. 관룡산에서 병풍바위
쪽으로 가는데 병꽃·떡갈·신갈·사방오리·싸리·쇠물푸레·철쭉·진달
래, 난티·쉬땅나무, 마타리·나리…….

10시 40분 갈림길(관룡사1·화왕산3.4킬로미터)인데 바위 앞에 서니 목탁소리
낭랑하다. 병풍바위는 깎아선 절벽이어서 위험하다. 뒷길로 돌아가는데 바위
에 붙어사는 실사리, 생강·당단풍나무. 10시 45분 개잎갈나무로 부르는 낙엽
송지대다. 동굴에는 기도한 흔적이 역력한데

구룡산

사람은 없다. 뭄푸레·쇠물푸레·미역줄·산
수국·병꽃나무를 지나 11시 구룡산(741미터,
부곡15·화왕산3.4킬로미터). 부곡온천 방향으로
가면 화왕지맥, 노단고개·심명고개·영취산
으로 이어진다. 철쭉·쇠물푸레나무 우거진
터널 길. 바위 능선에서 잠시 쉬었다 되돌아선

바위능선

산 아래 옥천지

다. 저 멀리 비슬산 하얀색 관측소 따라 철탑이 산마다 마구 꽂혀있다. 정오 무렵 갈림길에서 청룡암으로 내려가는데 뱀이 지나간다. 암자가 잘 보이는 큰 바위에 앉아 점심, 여자나무라 불리는 사람주나무 미끈한 우윳빛 군락지다.

생강·때죽·쪽동백나무 아래 청룡암은 바위산과 잘 어울린다. 수행을 하는지 새소리도 없고 고요해서 적막강산(寂寞江山). 오히려 쓸쓸해서 적요(寂寥)다. 돌계단을 오르는데 발자국 소리도 방해될 것 같아 한 발 두 발 조심해서 딛는다. 휴~ 숨소리 너머 한눈에 돌담 멀리 바라보니 가리는 것이 없다. 바위를 병풍으로 둘러치고 앞에는 들판과 산을 한 자락으로 펴놓은 듯 세속을 떠나 지낼 만한 터다. 절벽에 붙은 산신각(山神閣)은 바위에 매달렸다. 추녀 끝의 풍경(風磬)도 하늘에 떠서 바람에 살랑살랑 이렇게 빼어난 곳에 지은 산신각은 처음 봤다. 오히려 아래채 암자가 부속물 같다.

산신은 산에서 모든 것을 지키고 다스리는 주인이며 자연을 지배하는 산의 정령(精靈 soul/animism 物活論), 산신령이다. 산신은 호랑이와 같이 다니는데 사찰에서 수호신으로 여겼으며, 산지가 63퍼센트인 우리나라는 겨레와 함께 토착신앙으로 이어져 왔다. 단군이 산신이 되었다 해서 대게 남성인데 지리산

이나 선도산은 여성으로 나타나기도 한다. 이러한 산신을 모신 산신각을 산령각(山靈閣)이라고도 하고 사찰에 따라서 산신각·삼성각(三聖閣)·칠성각(七星閣)을, 어떤 곳은 산신각과 삼성각을 같이 두기도 한다. 삼성각은 산신(山神)·칠성(七星)·독성(獨聖)을 함께 섬기므로 다른 것보다 크게 짓는다. 칠성은 수명·재물·풍년 등 복을 맡은 별나라 임금으로 북두칠성 신이다, 불가에서는 일곱 여래(如來 깨달은 사람, 부처의 딴이름)를 말하기도 한다. 혼자 깨달아 성인이 된 독성과 산신, 용왕을 섬기는 경우도 있다. 절집의 입장에서 보면 밖에서 들어왔다 해서 이들을 봉안한 곳을 전(殿)이라 하지 않고 각(閣)으로 부르는데 주인과 나그네가 바뀐 것 아닌가?

물봉선, 달개비, 돌 사이로 어우러진 능소화. 만다라(曼茶羅)꽃이라 불리는 천사의 나팔(Angel Trumphet)은 흰 꽃을 피웠다. 부처의 설법을 형상화한 그림이라더니 고개가 끄덕여진다. 브루그만시아(Brugmansia), 가지과 식물로 열대지역 원산이다. 1미터 정도 자라며 잎은 어긋나고 가장자리는 톱니모양, 여름에 핀다. 천식·진통·진해에 쓰지만 독성이 강하다. 비슷한 것으로 나팔모양 꽃

청룡암

떼거지로 달린 때죽나무 열매

이 하늘 보며 피는 것은 독말풀, 악마의 꽃 다투라(Datura)로 불린다.

내려가는 길가의 바위에 돌을 서너 개 올려놨는데 작은 미륵불 모양이다. 소나무 아래 조릿대가 잘 어울리는 길, 사람들은 나무계단을 두고 옆으로 다녀서 새로 길이 생겼다. 무릎 부담을 줄이기 위해 계단을 피해 다니니 멀쩡한 길에 인공구조물은 돈 들여 놓지 말아야 한다. 일방적인 결정이 만든 우리들의 이중성을 보는 것 같다.

어느 해 겨울 아침, 8시 40분 옥천보건진료소 근처 마을길은 들판마다 서리 하얗게 덮였고 까치들이 날아다닌다. 저 건너 아침 햇살은 산 위에서 눈부신 실루엣을 만들고 땅기운을 밀어올린다. 개 짖는 소리 지나 등산로 입구에 소나무림이 좋다. 감태나무 잎은 떨어지지 않고 그대론데 바위 개울로 졸졸졸 물 한 잔 마시니 서늘하다. 9시 15분 울창한 소나무림 지나자 낙엽을 뒤집어 쓴 무덤, 알록제비꽃은 파란 잎을 뽐낸다. 소나무·바위지대 15분 더 올라 바위 길, 화강암이 부스러진 굵은 모래흙인데 오르막 40도쯤 되겠다. 확실히 이곳에서 소나무와 바위 기운을 느낀다. 호기심에 오른쪽으로 비껴서 오르니 내가 선 곳이 혈(穴)이라는 중심 부분, 산세가 뚜렷하고 햇살이 가득하다. 9시 40분 명당에 선다. 앞산에 화왕지맥 길게 지나가는 것이 역력하다. 관룡·화왕산을 수없이 왔지만 이런 곳은 처음이다.

"여기서 쉬자."

"……."

헤이즐넛 커피 한 잔, 볕은 따뜻하고 바람은 고요하니 낯선 길인데도 무엇에 홀린 듯 빨려들 듯 왔다. 그대로 누워본다. 몸이 가벼워지니 기분도 상쾌하다. 10시경 능선 합류지점, 오른쪽이 매표소 방향 왼쪽으로 배바위가 보인다. 잠시 후 화왕산 · 비들재 구간인 작은 봉우리(화왕산2.9 · 비들재1.2 · 옥천매표소2.7킬로미터) 바위벽을 지나 소나무 능선길 좋은데 10시 반경 갈림길(심곡사2 · 비들재2.5 · 화왕산1.9킬로미터)이다.

20분쯤 지나 능선 길은 서릿발이 유리처럼 반짝이며 날카롭게 솟았다. 서리 기둥이다. "서릿발처럼 차갑고 뙤약볕처럼 뜨겁게(秋霜熱日)"[4] 살다간 남명 조식(曺植1501~1572)의 본관이 여기다. 1501년 합천 삼가에서 났다. 기묘사화로 개혁기수 조광조가 죽고 숙부도 화를 입자 초야에 묻혀 처사로 살았다. 상

---

4) 남명조식의 학문과 선비정신(2006 상지사).

비들재에서 배바위 가는 바위길

소문을 올려(丹城疏) 임금의 심기를 건드렸다. 61세에 지리산 자락에 산천재를 짓고 경의(敬義)를 가르쳐 후학들에게 기개와 과단성을 심어주었다. 곽재우, 정인홍, 김면 등 수많은 의병장들이 문하생이며 "의병의 아버지"로 불리어 일본인도 두려워했다. 탁상공론을 싫어했고 김종직, 정여창을 거쳐 남명 조식에 이르러 실천적 학풍이 꽃 피게 된다.

산 아래 도성암은 지붕만 보이고 장군바위에 서니 내려다보기 좋은 곳이다. 배바위, 화왕산이 풍경화처럼 뚜렷이 다가온다. 최고의 조망지점이다. 고개를 돌려보면 설악산 한 부분을 옮겨 놓은 것 같은 저 멀리 구룡산. 하늘로 치솟은 바위들이 즐비하다. 11시경 배바위에서 선명한 남쪽 길, 화왕산의 날개 비들재(2.9킬로미터) 암릉길이다. 긴 능선이 비둘기 날개를 편 것 같아 비둘재가 비들재로, 산이 삐죽삐죽 솟아 닭 벼슬에서 비슬, 비들로 바뀌었다.

일행은 관룡사 거쳐 옥천보건진료소 내려오니 오후 2시경, 계성을 지나 영산의 만년교(萬年橋), 연지(蓮池)를 향해 달려간다. 읍내의 연못도 화재를 막으려 조성했다는데 탈레스(Thales)와 주역(周易) 오행에서도 만물의 근원은 물이라 했거늘 불로써 물을 다스리려 했으니……

● 전체 13.5킬로미터, 5시간 정도

옥천주차장 → (5분)옥천사 터 → (10분)돌장승 → (20분)관룡사 → (30분)용선대 → (1시간*휴식포함)관룡산 정상 → (10분)일야봉 산장 갈림길 → (35분)화왕산 정상 → (5분)지곡 매표소 갈림길 → (10분)배바위 → (30분*휴식 포함)남문 → (30분)너럭바위 계곡 → (1시간*휴식 포함)옥천주차장

* 10명이 걸은 평균 시간(기상·인원수·현지여건 등에 따라 다름).

못다 이룬 도읍지 계룡산

남매탑 · 십승지 · 갑사 · 영규대사 · 사람주나무

신도안 · 신털이봉 전설 · 동학사 · 창호(窓戶)

계룡산(鷄龍山)은 닭의 벼슬을 한 형상이다. 이성계가 도읍지를 정하려 이곳에 왔는데 무학대사가 산세를 보고 금계포란(金鷄抱卵)[1], 비룡승천형(飛龍昇天形)[2]이라고 하자, 두 글자를 따서 계룡산이라 하였다. 음기가 강해서 도사, 무당이 많은 곳이다. 금남정맥[3]의 끝, 845미터 천황봉을 주봉으로 관음봉(觀音峰), 연천봉(連天峰), 삼불봉(三佛峰) 등의 봉우리와 동학사 · 갑사계곡 일대 경관이 빼어나 중국에도 알려졌으며, 신라 때에는 오악(五岳)[4] 가운데 서악으로 불렸다. 대전 · 계룡 · 공주 · 논산 등을 포함하여 1968년 국립공원으로 지정됐다. 계룡산을 중심으로 산과 물이 태극형세(山太極 水太極)라 신령스런 산으로 여겨왔다.

아침 9시, 유성 나들목을 빠져나와 공주 방향으로 20분쯤 달리면 동학사 주차장인데 사람들은 모두 오른쪽의 천정골로 간다. 8월이라 말채 · 굴참 · 쪽동백 · 당단풍 · 때죽 · 소나무들이 가지마다 무거운 잎들을 매달고 있다. 큰 배재는 2.6킬로미터 거리다. 9시 45분 큰바위를 지나며 물통에 계곡물을 채운

---

1) 금빛 닭이 알을 품음.
2) 용이 하늘로 오르는 형국.
3) 무주 주화산(珠華山)에서 북서쪽 계룡산으로 다시 서쪽 부여 부소산(扶蘇山) 조룡대(釣龍臺)까지 약 118킬로미터에 이르는 산줄기 이름.
4) 동악 토함산, 남악 지리산, 북악 태백산, 중악 팔공산.

다. 개서어나무, 사초, 물봉선이 길섶에서 옷깃을 스치고 상류로 올라갈수록
사람들이 많이 앉아 있다. 좀 더 올라가 채울걸, 물이 덜 깨끗하다는 생각이 걸
음을 더디게 한다.

당나라 유학길 잠결에 물을 마셨는데, 깨어 보니 해골에 괸 것임을 알고 깨
달아 되돌아왔다는 원효의 일체유심조(一切唯心造)를 생각한다. 모든 것은 마
음에서 비롯된 것일 뿐……

10시 15분, 큰배재 갈림길 쉼터
에서 일흔다섯 살 어떤 할머니를 만
났다.
"할머니 여기까지 올라오시고 대
단하십니다."
"어디 아픈 데 없어요?"
"당뇨가 좀 있어."
"사탕 같은 거 갖고 다녀야 해요."
"그래서 이렇게 먹고 있잖아."
"……."

큰배재에서 만난
할머니

여기서 우리들의 경유지 남매탑까지 0.6킬로미터다(장군봉3.6 · 동학사 주차
장3.4). 산동백, 물푸레나무를 옆에 끼고 15분 더 걸어 오뉘탑인 남매탑(동학사
1.7, 천정골 3.5킬로미터)에 닿았다. 금방 비가 내릴 것 같은 날씨에도 사람들이
많이 올라왔다. 여기까지는 관광코스로 잠시 머물다 가는 구간이다. 상원암(上
元庵)에서 멀리 보이는 산자락 위로 구름이 흘러가고 원추리 꽃은 연자색으로
잘 피었다. 마당 한편 천막 둘러친 곳에서 벌컥 물 한 잔 마시고, 결국 물통을
새로 채웠으니 나의 일체는 유심에 머물고 만 것일까? 형편이 못한 절이라 그

상원암

런지 대웅전 불상이 여의찮다.

신라 때 한 스님이 이곳에서 움막을 치고 수도하고 있었다. 어느 날 밤 호랑이가 나타나 입을 벌리기에 죽음을 무릅쓰고 인골(人骨)을 뽑아 주었다. 여러 날 지나 호랑이는 처녀를 물어다 놓았는데, 스님은 경상도 상주 집으로 데려다 주었다. 처녀는 감화되어 부부가 되길 바라지만, 남매의 인연을 맺어 서로 불도에 힘썼다는 것이 남매 탑에 얽힌 전설이다. 5·7층 석탑으로 고려시대에 세운 것으로 여긴다. 신라인들이 5층 백제탑 옆에 7층탑을 세워 기세를 누르자 경상도 처녀를 전설에 등장시켜 분풀이 했다는 이야기도 있다.

10시 40분 갑사로 출발(삼불봉0.5·금잔디고개0.7·천정 탐방지원센터3.5·상신 3.3·동학사1.7킬로미터), 10분 남짓 돌계단 따라 가파르게 올라가니 삼불봉 고개다(삼불봉0.2·관음봉1.8·금잔디고개0.4·갑사2.7·남매탑0.3킬로미터). 11시 금잔디 고개, 헬기장에는 금방 비가 쏟아질 것 같다. 갑사로 가는 길은 여기서부

터 내리막이다. 돌을 정갈스럽게 쌓은 길인데 산뽕나무 군락, 좀깨잎나무, 병 꽃나무들 옆에 노린재나무는 벌써 열매를 다닥다닥 달았고 무자식이 상팔자 인 팽나무 고목이 길옆에 서서 산길의 역사를 말하고 있는 듯하다.

"그만 되돌아가자."

나의 속마음도 모르고 자꾸 돌아서 가자고 한다.

"2.3킬로를 어떻게 다시 갔다 오냐……."

"이곳 나무는 특이하네."

대답 대신 나무들 평계만 댔다.

돌무더기 쌓아놓은 곳을 지나면서 사람주 · 비목 · 굴참 · 피 · 난티나무, 조 릿대, 광대싸리가 계곡 따라 흐르는 물가에 줄을 섰다. 확실히 이곳의 사람주 나무는 남쪽보다 나무껍질은 흑갈색에 잎도 넓고 길다. 11시 30분쯤 신흥사를 지나는데 목탁소리 계곡물과 어울러 용문폭포를 만든다. 층층나무, 물푸레, 조 릿대를 흔들면서 소나기 몇 차례 쏴아 내리더니 이내 멎었다. 20분 더 내려가

갑사에서 금잔디고개 오르는 길

면 공주시 계룡면 중장리의 갑사다.

갑사(岬寺)는 계룡갑사(鷄龍甲寺), 계룡사라 하고 마곡사의 말사. 백제 때(420년), 고구려에서 온 승려 아도(阿道)가 창건했다고 하나 여러 설이 많다. 계룡산 일대는 전란(戰亂)에도 안심할 수 있는 열 곳 가운데 십승지(十勝地)의 하나다. 신라 말 도선, 고려 말 무학, 조선중기 남사고·이지함······. 이밖에 수많은 비기(秘記)에서도 언급하고 있다. 영월 상동, 봉화 춘양(태백산), 보은 내속리·상주 화북(속리산), 공주 유구·마곡(계룡산), 영주 풍기(소백산), 예천 금당, 합천 가야(가야산), 무주 무풍(덕유산), 부안 변산(변산), 남원 운봉(지리산)이다.

매번 올 때마다 젖는 감회지만, 대략 18여 년 전 처음 왔을 땐 풍찬노숙(風餐露宿)[5]같던 절집이었는데, 지금은 치장해 놓아선지 그때의 고색창연(古色蒼然)[6]한 맛은 사라지고 없다. 저고리 대신 양장(洋裝)에 인공 조미료 맛이랄까? 교과

5) 바람에 밥 먹고 이슬 맞으며 잠(떠돌아다니며 고생).
6) 오래된 빛이 푸른빛을 띠는 모습(오래되어 예스런 정취).

갑사와 구름 덮인 계룡산

서에 실린 "갑사로 가는 길(이상보)"이 추억처럼 아련해서 여러 번 갑사를 찾았다. 내가 문인(文人)을 결심한 동기부여를 해 주었던 작품이기도 하다. 한때 갑사의 고즈넉한 절집에 앉아 글을 읽으며 노란 은행잎에 묻힌 지난 시절을 떠올리곤 했다.

경내에 소나기 한 줄기 지나간 듯 맑고 절집 지붕너머 계룡산이 더욱 깨끗하다. 한편엔 연꽃을 심어놓았는데 물 문은 분홍빛이다.

"누가 보면 흉본다."

"……."

"힘들어 두 번 다시 못 따라 오겠다."

나무 쉼터에 벌러덩 누웠다.

표충원에는 휴정(休靜) · 유정(惟政) · 기허(騎虛)의 영정이 있다. 기허는 영규대사(靈圭大師)의 호인데 사명대사 유정과 서산대산 휴정의 제자다. 공주출신 밀양 박씨로 갑사에서 출가해 무예를 즐겼다. 임진왜란이 일어나자 분을 삭이지 못해 며칠 통곡하고 승병장이 되었다. 청주성에서 왜적을 무찔렀는데 관군은 달아나 승려 수백 명이 청주성을 다시 뺏었다. 1592년 조헌(趙憲)이 공격할

연천봉 오르는 길

때, 관군 연합작전을 위해 늦추자 하였으나, 듣지 않자 함께 금산전투에서 싸우다 죽었다. 임진왜란 최초 의병으로 이후 승병의 도화선이 되었고 금산 칠백의총(義塚)에 묻혔다.

12시 조금 넘어 갑사를 두고 연천봉으로 간다(연천봉2.4 · 관음봉3.3 · 금잔디고개2.3 · 용문폭포0.6킬로미터). 계곡에서 점심 먹을 요량으로 걸음을 재촉한다. 여기서 왼쪽 길이 금잔디고개, 연천봉은 오른쪽 길이다. 조금 더 걸었더니 연천봉 가는 대성암 입구에 영규대사와 팔백의승 추모비 죽창(竹槍)을 조각해서 세워놓았다. 오죽했으면 무기를 든 관군은 모두 도망치고 괭이, 쇠스랑이나 대나무를 깎아 무기로 사용했을까? 나라꼴이 온전한 게 오히려 비정상적이라 할 수 밖에……. 넋을 놓고 있는데 순식간에 달려드는 개에 놀라 식겁해서 나왔다. 무식한 개 같으니, 명색이 절집에 있는 개 정도면 나그네 급수는 알아야지.
"야 이놈아 내가 누군 줄 아나? 이래 뵈도 산신령이 우리 할아버지다."
"……."

옆에서 웃는다.

"컹 컹 컹"

짖는 개소리만 메아리 되어 산을 울리고 절집 개에게 자존심 구기고 또 걷는다. 나는 산신령님 만수무강을 위해 산에 올 때마다 축원을 한다.

대자암 반대쪽 계곡으로 올라가는 길, 배고프지만 모기들이 떼거리 달려들어 앉을 곳이 없다. 에라, 모르겠다. 오후 1시쯤 잠시 휴식이다. 땀에 젖은 장갑에 하얗게 손이 불었다. 모기들의 습격으로 점심도 놓치고 가파른 길을 오른다. 자주색 꽃 산수국 한참 지나 건너편 다래나무는 은빛, 백화(白化)증상이다. 식물의 생리를 생각하면서 땀을 닦는데 결국 모기에게 당하고 말았다.

"점심 먹고 가자."

"안 돼. 힘들어 못 올라간다."

"……."

이 정도로 어찌 달마의 두타행(頭陀行)[7]에 비하랴.

"웬 모기가 이렇게 많지?"

연천봉고개 못 미쳐 계단 만드느라 일하는 사람들까지 모기타령이다.

"일하는데 미안합니다."

"……."

일행은 지팡이를 쓰라 해도 불편한지 묵묵부답이다. 지팡이를 사용하면 피로를 줄일 수 있는데, 한 걸음 앞을 짚어 가면서 오른손, 왼손 바꿔 주면 좋다. 팔꿈치를 구부렸을 때의 높이로 조절해 짚어야 하중을 분산시킬 수 있다. 이때 평평한 곳은 발바닥 전체로 수평이 되게 딛고 보폭은 되도록 짧게 해야 체력소모를 줄이는 데 효과적이다.

거의 1시 반에 연천봉 고개 위 헬기장에 앉아 점심이다. 멀리 구름이 몰려

---

7) 떠돌아다니며 온갖 괴로움을 무릅쓰고 도를 닦는 일.

있고 잠시 반가운 햇살을 보여준다. 산에서는 많은 에너지를 소모하기 때문에 과식하기 십상이므로 적당히 먹어야 한다. 특히 오랜 시간 산행에는 오르막을 감안해서 식사 시간을 정해야 하고, 많이 채우면 위에 혈액이 집중되어 쉽게 지칠 수 있다. 사탕, 초콜릿 같은 가벼운 행동식[8]을 자주 먹되, 술은 혈관 확장으로 심장에 부담을 주므로 삼가야 한다. 도시락을 펴자 쉬파리인지 하루살이인지 새까맣게 몰려 와서 젓가락 겨우 들었다. 맑았다 흐렸다를 반복하는데 그나마 비가 안 오니 천만다행, 오후 2시에 하늘과 이어진 연천봉(連天峰, 738미터)에 올랐다.

"안개를 살며시 열어주니 이만한 것이 어디냐."

"……."

한쪽 편에서 산상방뇨 중인데 색깔이 노랗다. 물 섭취가 부족하면 체내 수분유지를 위해 신장은 소변을 농축시키고 혈류속도까지 떨어져서 피곤함을 느끼게 된다. 이때 물을 자주 먹어야 되는데, 배낭에는 물통 세 개중 한 개만 남았다. 바위산에는 병꽃나무 작은 호리병을 달았고 팥배·싸리·참나무들이다. 10분쯤 내려서서 연천봉 고개 갈림길인데 노린재·피·물푸레나무, 까치수염 군락지. 사람주나무는 잎이 크고 길어서 산동백으로 착각하기 십상이다.

피부처럼 매끄러워 사람주나무다. 쇠동백, 여자나무, 산호자, 신방나무, 쇠동백, 아구사리, 귀룽묵……. 한방에서는 오구자(烏桕子). 백령도, 설악산을 비롯하여 해발 1,300미터까지 자라며 중국, 일본에도 분포한다. 잎은

사람주나무

어긋나고(互生) 타원형, 가장자리가 밋밋하다. 추위와 공해에 강하나 건조에

---

8) 때와 장소를 가리지 않고 행동 중에 조리 않고 먹는 식품(굳힌 빵, 비스킷, 초콜릿, 건과일, 햄, 통조림 등 소화, 흡수가 잘 되는 고칼로리).

약하고 난대성으로 해안가에도 자란다. 어린잎은 데쳐 쌈으로 묵나물에도 좋다. 잎에서 나오는 하얀 진액은 독성이 강해 실명(失明)할 수 있으므로 주의해야 한다. 대극(大戟)과는 거의 약재로 쓰기 때문에 즙액에 독이 있고, 열매는 식용·도료·등유용으로, 변비에 열매를 볶아 기름을 짜 먹기도 한다. 가을의 붉은 단풍은 귀티가 난다.

연천봉에서 관음봉 바라보니 2시 방향이 천황봉 정상인데, 통신시설인지 안테나 같은 탑이 삐죽 올라서 있고 출입금지 구역이다. 땀과 비에 젖어 축축해진 지도를 편다. 자북선과 나침반의 북쪽을 일치시키는 지도정치(地圖定置)를 하고 방위를 본다. 11시 방향 계룡저수지·갑사, 남향 6시 방향 신원사와 양화저수지, 3시 방향이 용동저수지이고 아래쪽으로 계룡시내 엄사, 신도안이다. 엄사면은 어느 해 겨울 중학 동기모임을 조그만 절집에서 가졌는데 하루밤 머물다 온 곳이다. 친구들은 지금쯤 저마다의 낙원을 얼마나 만들었을까? 특히 신도안은 계룡산 일대로 이상향 십승지(十勝地)로 꼽힌다. 이성계가 무학대사와 계룡산을 보고 새 도읍지(新都)를 정했으나, 공사 1년 만에 이설(異說)이 많아 중단된 곳이다. 이 근처는 도참·풍수설에 의한 정감록(鄭鑑錄)[9]이 깃들어 있다. 무속인들이 많았으나 1989년 육·공군본부가 들어오면서 계룡대가 생기고, 2003년 논산에서 분리, 계룡시가 됐다. 도읍지 안쪽이라는 신도내(新都內), 새 도읍 예정지, 아직 새 도읍지가 안 되었다는 뜻의 신도안(新都案)으로 불린다.

조선 태조 때 신도안 공사에 전라도에서 부역 온 사람이 있었다. 아내가 절색(絶色)이라 처가에 가 있으라 했지만 한사코 만류하였다. 그런데 공사 중단으로 집에 돌아오니 아내는 남편을 찾으러 뒤따라갔다는 것이다. 다시 신도안으로 왔지만 끝내 만날 수 없었고. 오매불망(寤寐不忘)[10] 아내를 기다리던 그는

---

9) 정씨 왕조가 세워진다는 비결사상.
10) 자나 깨나 잊지 못한다는 뜻(시경).

연천봉에서 본 계룡시, 멀리 대전시

결국 신털이봉에서 죽고 말았다. 지금은 조그만 언덕인데 얼마나 많은 부역자들이 신에 묻은 흙을 털었으면 신털이봉이라 했을까? 1393년 대궐공사에 경상·전라 등지의 백성들은 물론, 승려들까지 동원했으나 신령이 계시한 태조의 꿈과 경기 관찰사 하륜(河崙)의 주장이 받아들여 중지되었다.

"도읍은 마땅히 나라의 중앙에 있어야 될 것인데, 계룡산은 지대가 남쪽에 치우쳐 동서북면과 서로 멀리 떨어져 있습니다. (중략) 산은 건방(乾方)[11]에서 오고 물은 손방(巽方)에서 흘러간다 하오니, ~ 물이 장생(長生)을 파(破)하여 쇠패(衰敗)가 닥치는 땅이므로, 도읍을 건설하는 데 적당치 못합니다."[12]

이 산의 쪽동백나무는 열매를 맺었다. 2시 25분 관음봉 고개(연천봉 0.9·동

11) 팔괘, 팔방에서 서북방을 말함, 손방은 동남방.
12) 조선왕조실록(태조 4권, 2년/1393계유).

학사2.4 · 관음봉0.2킬로미터). 여기서 은선폭포 40분, 0.8킬로미터 거리인데 곧바로 올라갔다. 2시 30분 관음봉 정상(816미터)에 서니, 관광버스 일행인 듯 단체 사진을 찍고 표석에 앉아 비켜주지 않는다.

"죄송합니다. 사진 좀 찍겠습니다."

"방 빼줘."

"……."

이런 사람들 때문에 분위기 망쳤다.

멀리 삼불봉, 세 개의 바위산이 우뚝 솟아 있고 천황봉(854미터)은 구름에 가려졌다. 산 아래 동학사 계곡이 줄을 그은 것처럼 선명하다. 2시 45분 자연성릉을 타고 간다. 어느 해 겨울, 이 능선으로 가다 겨울 장비 없이 미끄러워 혼난 적 있다. 철 계단을 내려오면서 비비추, 나리꽃을 보는데 경유지인 은선폭포 가는 길을 그냥 지나쳐 왔다. 관음봉 고개에서 곧바로 동학사 길이 은선폭포 구간이다. 가파른 바위산과 계단을 오르내리는데 산수국 너머 구름이 산봉우리에 걸렸고 여기서는 계룡저수지, 갑사 쪽이 잘 보인다. 3시 방향이 갑사, 8시 동학사, 1시 방향 문필봉 · 연천봉, 11시 방향이 천황봉이다. 자연성릉에서 바라보면 왼쪽이 천황봉, 가운데부터 관음봉, 문필봉, 연천봉이다.

몇 년 전 갑사 근처에 앉아 잔 기울이던 일을 생각하며 3시 25분 금잔디 고개 갈림길까지 왔다. 가파른 철 계단 10분 더 올라서니 삼불봉(775미터, 관음봉 1.6킬로미터). 암릉구간에서 이곳이 계룡산 최고 조망지점이지만 낙뢰(落雷)에 위험한 곳이다. 번개는 쇠붙이나 수분을 타고 가는데 안테나, 철재난간, 고무 없는 스틱은 피해야 한다. 높은 곳, 큰 나무 밑, 피뢰침 주변이 특히 위험하다는 것은 상식이나 당황하면 허둥대기 일쑤. 낮은 지대가 안전하고 최선의 방법은 자동차 안이지만 산속이라 달려갈 수도 없는 노릇이라 팔자에 맡기는 수밖에……

자연성릉에서 바라본 계룡산. 왼쪽 천황봉, 가운데부터 관음봉, 문필봉, 연천봉

다시는 안 온다고 투덜대는데 산은 말이 없다. 오직 운해(雲海)를 흘려 산자락을 가렸다, 보였다 할 뿐…… 삼불봉 고개 내려가는 철 계단에 병꽃·당단풍·쪽동백·층층·팥배·쇠물푸레나무들이 쪼르르 바위에 붙어산다. 10분 내려가면 삼불봉 고개갈림길(관음봉1.8·삼불봉0.2·금잔디고개0.4·갑사2.7·남매탑0.3킬로미터).

남매탑에서 삼불봉 고개 구간은 깔딱 고개다. 내려가는 길, 까마귀 까악 까악 오랜만에 정직하게 우는 소리를 듣는다. 요즘 까마귀들은 먹다 버리고 간 음식물을 잘못 먹어서 그런지 우는 소리도 곽곽곽, 파르륵 파르륵 스트레스 소리같이 각양각색이다. 어떨 땐 바위에 앉아 도시락 뚜껑을 열면 가까이 날아와서 노려보는 놈들도 있다. 인간이 남긴 가공식품에 맛 들여진 탓에 까마귀들도 꽤나 영악해졌다. 4시경 다시 오뉘탑이다. 아침 무렵보다 상원암의 안개는 걷했다. 거의 5시간 30분 만에 돌아와 물통 세 개를 다 비우고 다시 채운다. 일행은 남매탑에 촛불 켜고 주문(呪文)을 한다. 어떤 사람에게 셔터 한 번 부탁했더니 탑은 가려놓고 인물 위주로 찍었다. 자연이 무시된 액정을 지우면서 돌계단을 딛는다. 여기서 동학사1.7·천정골3.5킬로미터. 계곡에 물장난 하는 청춘들이 들킨 듯 우릴 보고 멋쩍어 하는데

"보기 좋습니다. 그 대신 사진 한 번 찍을게요."

"……."

계곡물소리 빗소리처럼 들리고 4시 40분경 공주시 반포면 학봉리 동학사(갑사4.6·은선폭포쪽갑사5.6·은선폭포1.7·관음봉2.7·연천봉3.4킬로미터)에 닿는다. 계룡산 등산 구간 중 제일 오래 걸리는 곳이 동학사에서 은선폭포, 관음봉, 자연성릉과 삼불봉, 신선봉, 장군봉, 박정자 삼거리를 거치는 구간인데 8~10시간 정도 걸린다. 밀양 박씨가 심은 정자나무가 있어 박정자 삼거리다. 이절은 마곡사(麻谷寺)의 말사로 계룡산 동쪽 계곡에 학이 깃들었다 해서 동학사라고 하였다. 최초의 비구니 승가대학으로 알려진 동학 강원(講院)은 원래 금강산 유점사에 있던 것을 고종(1864년)때 옮겨왔다. 신라 성덕왕(724년)시절 상원조사가 암자를 지었던 곳에 청량사(淸凉寺)라 하였고, 고려 때 도선국사가 중창, 박제상의 초혼제(招魂祭)를 지내면서 동학사로 바뀌었으며, 길재·정몽주·단종·김종서·사육신 등 여러 충신들에게 제사를 지냈다고 전한다.

절집을 나오면서 승가대학 입구의 출입문 숫대살[13] 창호(窓戶)[14]가 멋스럽다. 창호는 집의 얼굴이라 했거늘 화려하고 장식적인 중국에 비해 일본은 섬세·조밀하고, 우리나라는 공간 비례를 최고로 쳤다. 내가 어릴 적에는 집집마다 띠살 창을 많이 썼는데, 좀 행세하는 집에서는 방과 방 사이에 아자(亞字)창, 만자(卍字)창을 놓았다. 숫대살은 정면 창호로 많이 썼고 왕궁에는 빗살창, 꽃

13) 셈할 때 가지에 늘어놓은 모양.
14) 창이나 문·구멍.

살창은 사찰에 많다.

 계곡에 발 담그는 사람들, 탁족(濯足)이라 해야 될까? 옛날 규수들은 몸을 함부로 드러내는 것을 꺼려 여름철 발을 담가 더위를 쫓곤 했다. 요즘엔 남녀노소 없이 드러내 놓고 다니기 일쑤다. 계곡에서 웃통 벗는 것은 다반사(茶飯事)요, 거리마다 하체 경진대회를 하는 것인지 민망스러워 눈 둘 데 없다. 발은 온도에 민감하고 발바닥은 신경이 집중되어 물속에만 담가도 상쾌해진다. 흐르는 물은 신체의 기(氣)를 자극해서 건강에도 좋다. 요즘처럼 에어컨을 틀면서 공기를 더럽히지 않았고, 자연에서 더위만 잊는 것이 아니라 심신을 바르게 하였다. 물의 정탁(淨濁)이 그러하듯 행불행(幸不幸)도 개인의 인격과 수양에 달려 있다고 생각한다. 문명을 떠난 소박한 산유탁족(山遊濯足)[15]이 그립다.

 동학사를 나오면서 무슨 암자가 그렇게 많은지 줄을 섰다. 문화재 관람료를 받는 매표소를 통과하면서 아침에 모두 동학사를 두고 오른쪽 천정골로 올라간 이유를 알 듯했다. 심심찮게 매표소 입구마다 등산하러 왔는데 무슨 문화재관람 요금이냐고 실랑이를 벌이는 것이 낯설지 않다. 관람하지 않는데 억지로 돈을 내야 하는 문제, 당국이 적극적으로 나서지 않는 현실, 지원되는 문화

---

15) 산 개울에서 발 담그는 일.

재 유지보수비 문제 등 결과적으로 요금 징수뿐 아니라 국립공원 입장료 폐지에 대해서도 회의적인 시각이 많다. 내려오면서 지루한 포장길을 걷는데 "우리가 만나기 100미터 전입니다." 오로지 직설적인 화법의 시대에 이런 표현이 재미있다. 아침에 올라가던 천정골 입구에서 10분 더 걸으니 주차장이다. 오후 5시 10분, 오늘 산행 8시간 걸었다.

탐방길

● 동학사-갑사-동학사구간 16.6킬로미터, 8시간 정도

동학사 주차장 → (25분)큰바위 → (30분)큰배재 → (15분)남매탑 → (20분)삼불봉 고개 → (10분)금잔디 고개 → (30분)용문폭포 → (20분)갑사 → (25분)대성암 → (1시간 10분)연천봉 고개 헬기장 → (35분*점심 휴식 포함)연천봉 → (30분)관음봉 → (15분)자연성릉 → (40분)금잔디 고개 갈림길 → (10분)삼불봉 → (15분)삼불봉 고개 갈림길 → (15분)남매탑 → (35분)동학사 → (25분)주차장

* 두 사람 걸은 평균 시간(기상·인원수·현지여건 등에 따라 다름).

두타산에서 느끼는 고진감래 苦盡甘來

묵호 · 양사언 · 삼화사 · 물색 · 쉰움산 · 시멘트 산업
박달나무 · 두타행 · 삼척 · 마가목 · 벽계수

대전에서 신탄진을 거쳐 경부선, 중부내륙, 영동고속도로를 달린다. 동해까지 저녁 9시를 예상하고 둔내, 장평을 지나간다. 벌써 30년 흘렀다. 서울로 가기 위해 강원여객 버스를 타고 하루 종일 파김치가 돼야 마장동에 도착할 수 있었던 시절, 감회가 새롭다. 그땐 완행버스라 안 들르는 데가 없었다. 횡계 · 진부 · 평창 · 장평 · 둔내 · 횡성 · 새말 · 원주 · 문막 · 양평 · 팔당……. 고생은 됐어도 당시의 정류소 풍경들 눈에 선하다.

대관령은 이제 터널로 연결되어 속도감을 실감한다. 버스마다 기어오르던 길옆에는 시멘트로 발려져 언제나 회색빛 아흔 아홉 구비 구절양장 길, 그 고생스럽던 대관령 찻길도 이젠 빛바랜 사진처럼 남아있을 뿐, 강릉을 지나 밤 9시 30분경 동해에 도착했다. 두타산은 북평에서 가깝지만 8월 휴가철이라 방이 없을 것 같아 묵호 항구로 차를 몰았다. 내일 새벽 산행을 생각하며 가게 들러 자두, 복숭아 몇 개 샀다.

"잘 만한 데 없어요? 이 근처에……."

"에스케이 대리점 옆에 모텔이 있어요."

"……."

1980년 삼척군 북평읍과 명주군 묵호읍이 합쳐서 동해시가 됐다. 일제 강점기 태백산맥의 석탄과 시멘트를 실어 나르면서 항구가 발달했다. 일대의 연안이 먹처럼 검다고 해서 묵호(墨湖), 북평(北坪)은 무릉계(武陵溪)에서 내려오는 물줄기 전천(箭川)의 북쪽에 있대서 북평으로 불렀다. 무릉계곡은 중국 도연명이 신선이 사는 곳으로 무릉도원을 처음 읊었다. 두타산과 청옥산 이름은 일제 강점기 때 서로 바뀌었다는데 지도제작 과정의 실수이건 의도적이건 산 이름도 제대로 간수 못 한 후손들 책임이 크다.

세상에 이렇게 낡은 모텔은 처음 봤다. 시쳇말로 "후져빠졌다". 숙박료도 다른 곳 못지않은데 70년대 항구의 여인숙 같다고 해야 할까? 찌든 냄새와 침대 밑에서 스멀스멀 무언가 나올 것 같아서 이불로 막아놓았다. 그렇다고 무를 수도 없고 씻기조차 꺼림칙하다. 다음날 5시경 일어났다. 겨우 눈만 붙인 탓인지 개운치 않지만 1층으로 내려가 컵라면에 따뜻한 물을 부어 왔다.

묵호에서 무릉계곡 주차장입구까지 15분 정도 걸렸다. 아침 6시 45분 차문을 잠그고 주차료, 입장료를 생각하다 어느덧 금란정(金蘭亭)이다. 수백 명이 앉을 수 있는 무릉반석에 물이 넘쳐흐르고 바위에 온갖 글자들이 널려 있는데 물소리는 세상 시름 잊게 한다. 양사언(楊士彦)이 강릉부사 시절 이곳에 와 글을 새기고 유상곡수를 하였으니 그 운치는 얼마나 대단했겠는가? 중종·선조 때 철원·강릉·평창을 비롯한 여러 고을의 수령이 되어 격암 남사고에게 풍수지리를 배우며 산수절경을 좋아했고 글씨를 잘 썼다고 알려졌다.

"태산이 높다 하되 하늘 아래 뫼이로다. 오르고 또 오르면 못 오를 리 없건만 사람이 제 아니 오르고 뫼만 높다 하더라."

그의 시조다. 봉래 양사언뿐 아니라 매월당 김시습 등 수많은 시인묵객이

금란정

무릉반석

널려있는 글자들

물을 담은 바위

이곳에서 발 담그며 도포자락 한 획으로 일필휘지 그려 한 목청 높였으리라. 바위에 불법으로 새긴 글이 역사·문화적 가치가 있다지만 자연공원법, 산림보호법 위반 아닌가? 소급해서 벌금 물리면 적어도 수천만 원 되겠다. 450년 넘게 세월이 흘러 시효 지났다 주장하면 문제는 복잡해 질 것이다.

7시경 고려 태조 왕건이 후삼국 통일과 세 나라를 하나로 화합시킨 절이라는 삼화사(三和寺)다. 원래 시멘트 공장 근처에 있던 것을 옮겨왔다. 작살·서어·신갈·소나무를 만난다. 조금 지나 아름드리 소나무, 느릅·때죽·신

노송반석

학소대

두타산성

갈·쪽동백나무 밑을 지나면서 "맴맴맴 매애애~" 매미소리 요란하다. 산 위로
온갖 바위들이 갑옷을 두른 듯 저마다 위용을 드러낸다. 두타산5.5·청옥산
6.5·관음암1.1킬로미터 지점이다. 학소대에서 5분 더 걸어 옥류동 다리너머
바위마다 넘치는 물살이 시원하다. 7시 30분경 갈림길에서 왼쪽으로 험난한
구간인 두타산 산성터 바위산을 오른다(두타산4.5·산성0.5·박달령3.9·청옥산
5.1·연칠성령5.1·쌍폭포0.9·무릉계곡관리사무소1.6킬로미터).

  몇 해 전 바람 불고 손발이 시렸던 겨울날 쉰움산 올랐던 일을 생각하면서

더위를 떨쳐보지만 38도, 경사가 급한 구간이라 땀이 뚝뚝 떨어진다. 임진왜
란 때 전쟁을 치렀다는 산성터에서 땀을 닦는데 과연 대단한 요새임을 느껴본
다. 오른쪽 거북바위와 12폭포, 석간수·수도골, 깔딱고개 입구 팻말이 나타
난다. 곧장 가면 대궐터 4킬로, 오른쪽이 두타산 정상3.5킬로미터 거리다. 얼
굴 한 번 닦고 그대로 오른쪽으로 간다.

굵고 잘생긴 소나무들이 높이 서 있고 땀에 젖은 손목시계는 8시 40분을 가
리킨다. 소나무 아래 잠시 등짐을 내리니 바람 한 점 없는 적막강산. 이렇게 더
울 수 있나. 오늘 산행은 "두타행" 아니고 무엇이랴? 숨이 찬다. 20분 더 올라
대궐터 삼거리(두타산1.9·산성2.2·관리사무소4.3킬로미터), 9시 반경 쉬움산 갈
림길, 두타산 5킬로인데 이정표를 그어 1.5킬로미터로 고쳐놓았다. 싱거운 사
람들. 산목련·미역줄·싸리·신갈·굴피나무를 만나고 능선길 따라 오르는
데 땀을 많이 흘렸다. 안 그래도 물이 모자란데 목이 탄다. 이곳에서 위로 두타
산, 왼쪽 3킬로미터 1시간 정도 내려가면 쉬움산이다.

두타산·청옥산 겨울능선

쉰움산 갈림길의 필자

쉰움산

　어느 해 겨울이었던가? 눈 쌓인 능선을 걸어 추운데도 땀 흘리며 하얀 눈으로 목을 축이던 길. 막무가내 눈을 먹고 목이 텁텁했던 일이 선하다. 1미터 이상 쌓인 눈에 발이 푹푹 빠져 신발이 다 젖었다. 그 무렵 천은사에서 삼화사 가는 차를 물었더니 삼척시내까지 가서 다시 버스를 타고 들어와야 된다고 했다. 포기하지 않고 닿은 눈바람 몰아치는 쉰움산은 굿터였다.

　오래된 소나무에 물색과 금줄을 친친 감아놓고 젯밥이며, 주과포(酒果鮑)들이 여기저기 있다. 물색(物色)은 신목(神木)에게 바치는 최고의 예물로 나무에 걸어두는 빨강·노랑·파랑색 등 온갖 색깔의 천, 헝겊이다. 제사에 바칠 짐승의 털 빛깔에서 유래됐다. 옛날에는 봄가을에 제사나 기우제를 지내기도 했다. 넓게 앉을 수 있는 석회암 반석에 작은 구멍마다 우물처럼 물이 고여 얼었고, 눈이 쌓여 올록볼록하다. 곳곳에 치성을 올리는 제단, 돌탑이 즐비해서 무속의 성지라 할 만하다. 어느 할머니가 이곳에 놀러왔다가 신이 내려 그만 무당이

되었다는 이야기도 있다.

쉰움산(688미터)은 삼척시 미로면과 동해시 삼화동 경계의 산으로 두타산
중턱에 돌우물 오십여 개가 있어서 오십정산(五十井山)이라 부른다. 산 아래는
이승휴가 충렬왕에게 쫓겨나 제왕운기(단군신화를 기록한 역사 서사시)를 지은 천
은사가 있다. 몇 아름 되는 노송의 풍치가 기막히다. 그래서 소나무 천국이 되
었던가? 여기서 나고 자라고 죽은 소나무 주검들이 깔려있다. 사람도 낳은 곳
에 살다 죽을 수 있다면 얼마나 좋을까? 쉰움산 북사면은 석회암(石灰岩), 태백
산맥으로 불렸던 이 지역에는 국내시멘트 생산량의 3할 정도다.

산 아래 양회공장이 산업화의 상징으로 우뚝 서 있고 북평항으로 시멘트
터미널 구조물이 회색빛으로 이어져 있다. 시멘트(Cement)는 라틴어 부순돌
(Caeder)에서 유래한다. 피라미드에도 석회석을 구워 만든 소석고(燒石膏) 시
멘트를 썼다고 알려져 있다. 철재, 목재와 더불어 산업시설의 3대 기본자재로
친다. 양회(洋灰)라 부르는 우리나라 시멘트 산업은 1917년 6월 평양에 일본
인 소유 오노타(小野田)[1] 시멘트 회사가 건립되면서부터다. 1942년 당시 삼척
군 북삼면(북평읍) 삼화리 두타산 일대에 역시 오노타 시멘트 회사가 들어섰다.
1957년 문경에도 세워졌고 한때 우리나라 시멘트 생산량이 세계 7위를 기록

---

1) 매일경제신문(1969. 1. 30).

시멘트 공장

장난감 같은 공사차량

하기도 했다.

혼적이 뚜렷하지 않은 산길, 아카시아 · 싸리나무 지대를 지났다. 쉰움산에서 거의 40여 분 걸어 공장소리 들리는 채석복구지에 도착한다. 갑자기 사이렌이 울리고 일하던 차들이 멈췄다. 빨간 옷을 입은 종업원들이 우리가 침입자인 줄 알고 발파 작업을 중지시켰는데 하마터면 큰일 날 뻔 했다. 덤프차 바퀴 한 개가 키보다 크다. 이런 차는 처음 봤다. 오후 5시경 쌍용자원개발 트럭 신세를 졌다. 주차장까지 태워 주는데 한사코 성의를 만류한다. 참 고마운 사람들, 피곤했지만 오는 길이 좋았던 겨울, 라디오에선 "이 밤을 즐겁게" 방송이 나오고 있었다. 그래, 오늘은 즐겁게 신세를 졌다.

닿을 듯 말 듯 정상은 우리를 쉽게 맞아주지 않았지만 헉헉거리며 10시경에 정상이다. 두타산(頭陀山) 1,353미터, 병꽃 · 시닥 · 당단풍 · 잣 · 신갈나무, 이질풀 · 동자꽃 · 마타리 친구들이 뜨거운 햇살에 잎을 누그러뜨린다. 잠시 표지석을 찍는데 다람쥐 세 마리 겁도 없이 나타나서 눈치를 보고 있다. 물을 꺼내려 비닐봉지를 부스럭거리니 배낭에 올라오고 다리 위로 어깨까지 기어올라 빵부스러기를 냉큼 받아먹는다.

"얘들이 단맛을 알았어."

"……."

산에 오는 사람들마다 먹잇감을 주었으니 길들여진 것 같다. 사진 한 장 찍

두타샘

두타산 정상

다람쥐

으려는데 "두타샘 30미터 아래" 안내 표시가 반갑다. 샘터로 내려가는 길가에 동자꽃, 이질풀 꽃이 곱게 폈다. 딱총나무[2] 그늘진 샘에는 졸졸졸……. 사막의 오아시스를 만난 기분으로 물 뜨기 전 샘물에 예(禮)를 갖춘다. 이 높은데 샘이 있으니 차갑고 물맛도 좋다. 표주박으로 연거푸 마셨다.

우리가 가야 할 청옥산까지 3.7킬로미터(관리사무소6.1). 백두대간등산로로 댓재까지 거리 표시가 없는데 옆에서 6.3킬로미터라 일러준다. 햇볕에 땀에 젖었던 옷이 좀 말랐다. 10시 반경 다람쥐들과 헤어져 청옥산을 향해간다. 하늘은 파랗고 뭉게구름도 흘러가지만 건너편 청옥산 정상으로 구름이 걸려 환상적이다. 지금부터 평지 같은 내리막길 걷는데 피나무 열매 풋풋하게 달렸다.

방울 닮은 모시대·잔대 꽃이 여기저기 핀 능선 길은 즐겁다. 깊은 산길은 으레 그렇듯 신갈·철쭉·쇠물푸레·미역줄·싸리나무, 시닥·당단풍·물푸레·조릿대·병꽃·피나무들이 많다. 오른쪽 능선 아래 동해는 뿌옇게 흐렸고 마가목·딱총·박달나무 고목들이 바다를 가렸다. 11시 넘어 박달재(관리

---

2) 뼈에 좋다고 접골목(接骨木)으로 부르는데 지렁쿠나무, 말오줌대와 한 집안이다.

사무소5.6 · 청옥산1.4 · 두타산2.3킬로미터)에서 물 한 모금. 박달(朴達)은 백달(白達), 배달(倍達), 밝달과 통하고 밝고 크다는 새벌, 셔벌로 이어졌을 것이다. 하늘에서 환웅이 처음 내려온 곳 신단수(神檀樹), 박달나무는 민족의 신목이 아니던가?

찰피나무

넓고 크다는 뜻보다 박달나무가 많아 박달재라고 불렀을 테고, 옛날에는 이곳으로 올라 정선 임계로 넘어 한양으로 갔을 것이다. 긴 계곡길이 절경이지만 비가 많이 올 때는 물이 넘쳐 위험하므로 이 구간은 피해야 한다.

청옥산을 생각하면서 부지런히 걷는데 두 갈래 길에서 청옥산은 간곳없고 갑자기 "연칠성령" 안내표지 따라 오른쪽으로 갔지만 길이 없다. 다시 돌아 나오면서 황당했다. 불필요한 표지판을 왜 돈 들여 설치했는가? 청옥산 방향이 옆길인 줄 헷갈리게 한다. 차라리 같이 표시하든지⋯⋯. 많은 사람들이 이 지점에서 투덜거렸을 것이다. 11시 반경 문바위재(청옥산1.1 · 두타산2.5킬로미터) 지나 신갈나무에 머리를 쾅 부딪쳤다. 키가 커서 오늘은 손해를 봤다.

지금부터 청옥산 올라가는 북서지대 숲이다. 그늘이 많아 관중 이파리도 크다. 박달나무와 산목련이 줄 섰고 커다란 피나무 군락. 땀에 젖어 마르기를 되풀이하면서 오르는 길이 힘들다. 정상에 거의 닿은 것인지 구름이 가깝고 중나리 · 송이풀 · 투구꽃 · 꿀풀이 하늘거린다. 두타산에서 청옥산 가는 능선은 야생화 천국이다. 이질풀 · 승마 · 송이풀 · 동자꽃이 저마다 하양 · 파랑 · 빨강색, 추석 무렵 자주색 투구꽃은 볼만하다. 팥배나무 드물게 자라고 신갈 · 딱총 · 사스래나무도 제법 한몫을 한다. 정오에 1,403미터, 푸른 산 계곡물이 옥빛을 띠는 그야말로 청옥산(靑玉山, 두타산3.7 · 박달재1.4 · 무릉계곡6.7 · 고척대

박달재 가는 길

청옥산

2.3 · 연칠성령1.3킬로미터)이다.

점심은 복숭아, 자두, 빵 한 개씩 먹었지만 연거푸 물을 마셔 댄다. 더위 먹었나? 신갈나무 그늘에 잠시 누워보니 하늘에는 뭉게구름, 사스레·말채나무가 높이 섰다. 두타산은 동해 삼화동과 삼척 하장·미로면에 걸쳐 부처가 누워있는 형상이라는데 두타행에서 눕는 것도 삼갔다. 두타(頭陀)는 고대 인도어(Sanskrit) 버리고, 씻고, 닦는다는 뜻이다. 집착·번뇌를 떨치고 걸식, 한 끼 먹는 절식, 옷을 기워 입거나 눕지 않으며 괴로움을 무릅쓰고 떠돌며 수행하는 것인 만큼 이 산을 오르려면 산 이름대로 고생은 각오해야 한다. 열 시간이 기본이다.

두타산은 급하고 날렵하나 청옥산은 느리며 무겁다. 박달령을 사이에 두고 두 산을 함께 두타산이라 부르기도 한다. 백두대간의 동쪽으로 동서 분수령을 이루고 한 줄기는 두타산성으로, 또 하나는 쉰움산으로 이어진다. 북동 사면의 박달골, 사원터 물이 모여 무릉계, 전천(箭川, 살내)이 되어 동해로, 서남쪽에서 발원한 물은 정선 쪽의 골지천(骨只川)과 합해 한강으로 간다. 또 동쪽 기슭에서 나온 물길은 오십천과 어울리니 삼척지명이 물길에서 비롯됐다는 것이 설

산머루

마가목

산목련

득력을 얻는다. 전천(북평), 오십천(삼척), 마읍천(근덕) 부근의 세 고을을 일러 삼척(三陟)이라 했다. 척(陟)은 "오르고 나아가다"는 뜻이다. 실직이라는 소리를 빌려(音借) 삼척으로 굳어졌다는 얘기도 있다.

30분 지나 학등을 타고 내려가는 길, 산 아래 관리사무소까지 6.7킬로미터다. 좁은 숲속을 헤치고 가는데 주목·신갈·산목련·시닥·마가목·물오리·미역줄·피나무, 박쥐나물·중나리·꿩의다리⋯⋯. 다래는 굵지만 아직 덜 익었고 마가목 열매는 어느덧 노랗다. 군락지다. 하얀 버섯이 마가목 가지에 쪼르르 붙었는데 산느타리. 마가목은 6~8미터까지 자라고 겨울눈이 말 이빨을 닮아서 마아(馬牙)목, 마가목이 됐다. 10장가량의 삐침 꼴 겹잎이 깃털 모양(羽狀複葉)으로 어긋나게 자란다. 잔가지 끝에 흰 꽃이 모여 핀다. 빨간 열매가 아름다운데 해발 1천 미터 넘는 깊은 산 능선부근에 잘 자란다. 어린순은 나물로 먹고 줄기껍질과 열매를 말려 달여서 약으로 쓴다. 허약체질에 강장·기관지염·폐결핵·위염·관절염·동맥경화에 효과가 있다. 반년 이상 술에

담그면 밸런타인 맛인데 아침저녁 마시면 피로해소, 강정에도 좋다. 칵테일에
쓰기도 한다.

　오래된 박달나무 앞에서 고개를 숙이고 아카시아보다 잎이 두터운 다릅나
무, 개옻나무를 만난다. 토종식물 산앵도 열매는 벌써 빨갛게 익었다. 잎 밑에
숨어서 잘 보이지 않지만 빨간 열매는 새콤하면서 뒷맛이 약간 쓰다. 산앵도
나무를 이스라지로 혼동하기도 하는데 종모양의 꽃이 피는 진달랫과(科) 산앵
도에 비해 이스라지는 장미과(科)로 벚꽃 비슷하다. "엑스라지"라고 했던 것처
럼 꽃도 나무도 "사이즈"가 크다. 이스라지는 황해도 방언이라고 한다. 군락지
를 한참 살피다 벌써 오후 1시 넘었다. 신갈나무 고목에 노루궁댕이버섯, 시루
뻔버섯, 털개떡버섯, 쓰러진 나무에 느티나무가 자라고 이끼 덮인 곳에 항암에
좋다는 일엽초가 같이 산다. 죽어서도 공생하는 자연의 생태계에 숙연해진다.

　30분 더 내려가자 무덤이 나타났다. 거의 다 내려왔구나 싶은데 길은 아래

병풍바위 석벽

학등 입구

로 좁게 나 있다. 확실히 두타산보다 순하고 바위지대엔 발길이 뜸하다. 길을 막은 잣나무 그루터기 위로 다람쥐가 쪼르르 달려가고 소나무지대에 다다르니 이정표(학등2·학등입구1.6·청옥산2킬로미터)가 반갑다. 이 구간은 박달나무가 주인이다. 어린가지는 붉은색을 띄지만 커가면서 회색빛 나무껍데기는 갈라진다. 잎은 어긋나는데 한곳에 잎 두 개가 동시에 난다.

오후 2시경 경주최씨 묘를 지나 20분 내려서 맞은편 계곡 석벽이 장관이다. 우리는 바위에 앉아 남은 물을 마신다. 낭떠러지 아래로 안개구름 날아다니고 바람이 귓불을 간질이니 학이 노닐 만한 곳이다. 바위 너머 바라보니 천하절경이라 낙락장송 안개가 걸렸고 석벽은 저마다 하늘로 오를 기세, 벽계수(碧溪水)는 선계의 소리를 내며 흘러간다.

"청산리 벽계수야 수이 감을 자랑 마라, 일도창해하면 다시 오기 어려워라, 명월이 만공산하니 쉬어간들 어떠리."[3]

"……."
"이런 경치 언제 또 보겠어. 쉬었다 가자."
"명월이와 놀아보세."

---

3) 황진이가 왕족인 이종숙(벽계수 1508~?)을 유혹하기 위해 쓴 시.

신선바위

신선이 따로 없다.

오후 3시 학등입구(학등 · 청옥산3.5 · 연칠성령3.6 · 사원터1.1 · 용추1.2 · 관리
사무소3.2킬로미터)에 내려오니 반석 위로 흘러가는 계곡물이 걸음을 멈추게 한
다. "풍덩" 한 줄기 소리로 피로는 단숨에 사라졌다. 물은 냄새 · 색깔 · 맛이 없
는 산소 · 수소의 화합물이지만 안으로 흘러들어 마음까지 맑게 씻어준다. 그
리스의 탈레스는 "만물의 근원"이라고 했다.

10년 됐을까? 사원터로 올라 청옥산, 두타산을 11시간 꼬박 비 맞으며 걸었
던 이맘 때, 무릉계곡 야영장에 짐을 풀고 공원 매점 즉석 삼겹살을 맹물에 삶
아 코펠 뚜껑에 김치 섞어 두루쳐 먹던 일이 꿈같다. 피로와 허기에 지친 일행
을 위한 헌신적인 봉사였다. 밤엔 무릉반석까지 오르느라 힘들었건만 이내 신
명이 넘쳐 다음날엔 오대산으로 갔다.

계곡 가운데 삼화사

관음암

법당

　오후 3시 넘어 우리는 계곡길 두고 하늘문으로 간다. 거대한 암석지대인데 철 계단을 30미터 이상 오른다. 바윗길 30분가량 더 오르고 나서 신선바위다. 여러 번 이 산에 왔지만 오늘 같은 절경은 처음이다. 가히 무릉계의 압권이라 해도 손색이 없겠다. 학등, 두타·청옥산을 바라볼 수 있는 바위아래는 천길 낭떠러지. 검푸른 계곡으로 하얀 파도처럼 큰물이 흘러가는데 마치 청룡이 비틀거리며 바다로 가는 기이한 모습이다. 몇 시간 전부터 천둥소리 온 산을 흔들어 놓는데 이내 계곡물소리에 묻히고 만다.

오후 4시 관음암에는 고양이가 홀로 암자를 지키고 있다.

"고양이가 주인이네"

"일본에는 고양이가 역장(驛長)까지 하는데 뭐."

소나기 한참 내리더니 이내 멎는다.

30분 내려서 계곡 길 합류지점(관음암1.1킬로미터) 지나고 땀에 젖은 몸을 맡긴다. 바위를 베개 삼아 누웠으니 기암절벽이 눈앞에 있고 더운 여름날 이런 호사(好事)가 어디 있던가? 노랫가락 한 목청 읊조리니 오늘은 신선이로다.

"바람이 물소린가 물소리 바람인가, 석벽에 걸린 노송 움츠리고 춤을 추네, 백운이 허위적거리며 창천에서 내리더라."

계곡물에 도취된 기운은 하늘로 오를 법한데, 갑자기 천둥 치고 밤처럼 깜깜해 폭우가 쏟아진다. 오후 내내 천둥과 번개를 일으키더니 드디어 물 폭탄을 내리는구나. 하늘은 이처럼 미리 대비하도록 암시를 주는데 사람들은 그걸 모르고 살아가니……. 피할 겨를도 없이, 아니 피할 일도 없다. 어차피 젖은 세상, 땀에 배낭이고 옷이고 다 젖었으니 그냥 빗줄기를 맞으면서 걷는다. 정자, 관리소 근처에는 폭우를 피하느라 분주하다. 오후 5시경 주차장에 내려왔다. 자동차 짐칸 문을 머리위로 젖혀 놓으니 그나마 다행이다. 물이 흐르는 옷가지와 짐을 정리한다.

탐방길

● 전체 17.3킬로미터, 10시간 정도

무릉계곡 주차장 → (20분)삼화사 → (40분)산성터 → (1시간 20분)대궐터 삼거리 → (30분) 쉰움산 갈림길 → (30분)두타산 정상(물 채움) → (30분)박달재 → (30분)문바위재 → (30분) 청옥산 정상 → (1시간 30분)무덤 → (30분)경주최씨묘 → (20분)석벽(병풍바위) → (30분) 학등입구 → (10분)하늘문 → (30분)신선바위 → (30분)관음암 → (30분)계곡길 합류 → (30 분)무릉계곡 주차장

* 두 사람 걸은 평균 시간(기상·인원수·현지여건 등에 따라 시간이 다름).

산고수장山高水長 덕유산

수승대 · 서숙(粟) · 구황작물 · 산고수장 · 산오이풀 · 구상나무 · 생물주권
구천동 격전지 · 남부군 · 무주 · 백련사 · 오수자굴 · 구천동 칡
질경이풀과 환향녀 · 협죽도 · 참회나무 · 사스래나무 · 영각사 · 산돌배

2차선 고속도로의 추월할 수 없는 불만에 산과 나무들이 위안을 준다. 차창을 열면 아직 맑고 깨끗한 편이다. 가조 휴게소를 지나 달리면서 박유산(朴儒山)이 구름에 떠 있는데 그야말로 장관이다.

라디오 볼륨을 더 높였다.

"술 마시고 소리 지르는 것을 무엇이라고 합니까? '가'자로 끝나는데."

"미친 건가, 누구인가."

아닙니다. 정답은 "아빠인가."

"……."

요즘 아버지들의 수난시대다. 이런 걸 라디오 프로그램에 내보내고 있으니 고함이라도 질러야 할 판이다. 거창읍내 지나면서 산비탈 쪽에 강을 바라보는 호텔이 있는데 비 오는 날 하룻밤 지내고 싶은 곳이라는 생각이 들었다. 10여 분 더 올라 수승대를 지나간다. 수승대는 위천면 황산리 거북 바위일대다. 나제 국경이었던 이곳은 신라로 가는 백제 사신을 근심으로 보냈다고 해서 수송대(愁送臺)였으나, 퇴계가 안의(安義)처가에 왔다가 풍경을 예찬하며 수승대(搜勝臺)로 바뀌었다 한다.

수승대 거북바위

사모바위에서 바라본 북상. 월성계곡 가는 길이다

거창은 어디든지 계곡이며 정자다. 빼어난 곳은 단연 남덕유산에서 발원한 월성계곡으로 수승대 상류를 이룬다. 북상면 소재지를 지나 우린 왼쪽으로 간다. 거창 신씨와 쌍벽을 이룬 은진 임씨 갈천(葛川) 임훈(1500~1584)의 본향이다. 비안현감, 광주목사를 지내다 덕유산에 숨어들었다. 주변 갈계숲은 수백 년 되는 느릅·물오리·느티·소나무가 자란다. 갈천서당과 옛집이 많다. 차를 세우고 뒤쪽 산마루를 올려다보면 두 개 겹쳐진 사모(紗帽)바위. 사모는 관복의 모자인데 혼례 때 신랑이 쓴다. 사모바위에 날개가 없는 것은 벼슬아치와 효자 · 열부가 많이 나온 것을 시기한 사람들이 깨뜨렸다고 한다.

길 왼쪽 강선대에서 산속으로 조금 올라가면 모리재(某里齋아무개 마을). 길 가의 서숙 밭은 햇살에 알곡이 잘 여물었다. 새들에게도 좋은 먹잇감으로 노랗게 익은 열매를 보노라면 문득 할머니 생각나는 곡식이다.

서숙은 조(粟)의 사투리인데 흉년 때 굶주림에서 구해 주는 일년생 벼과 구황작물(救荒作物 조 · 피 · 기장 · 메밀 · 감자 · 고구마 등)이지만 지금은 거의 심지 않는다. 가난할 때 줄기를 버무려 떡을 해먹

조(粟). 예전엔 서숙으로 불렸다

었다. 가축먹이, 지붕 이으는데, 땔감으로 썼고 배 아플 때, 코피, 숙취에 좁쌀 뜨물을 끓여 먹었다고 했다. 꺼풀을 비벼 좁쌀을 만들었는데 생각대로 잘 안 돼 마음 졸인다는 조바심이란 말이 생겼다. 바심은 타작의 옛말.

동계 정온(1569~1641)은 갈천의 문인인데 본관이 초계(草溪), 성품이 강했다. 모리재에 들어와 거친 땅에 조를 심어 먹으며 일흔 넘도록 살았지만, 대제학을 지내며 최명길에 맞서 척화를 주장하다 인조의 삼전도 굴욕(청태종 앞에서 이마를 바닥에 대고 기던 일)에 할복했다. 경상좌우도의 퇴계 · 남명을 비롯해서 갈천 · 요수가 연배(年輩), 동계가 후학인데 모두 학식과 덕행이 덕유산처럼 높고 월성 · 송계의 물처럼 길게 이어졌으니, 산고수장(山高水長)이 어찌 산과 물로만 헤아릴 것인가?

다시 북덕유산으로

9시 25분 송계지구 탐방안내소를 지나 횡경재로 오르는 등산로 입구다. 8월의 계곡물소리 요란하고 시원한 숲길은 입구부터 반갑다. 하얀 물빛이 안개처럼 바위에 흩뿌리니 이끼들도 제철을 만났다. 군데군데 서어·층층·당단풍·물푸레·고로쇠·생강나무들이 산길에 섰다. 고로쇠나무 이파리 햇살에 반짝이며 팔랑거리는데 다섯 개의 결각(缺刻 가장자리 패인 곳)을 확실히 알겠다. 될 수 있으면 골짜기 맨 꼭대기까지 올라가 물통을 채울 요량이지만 중간에서 한 번, 10시경 개울 건너면서 마지막으로 채운다. 산이 깊어 갈증이 더 할 것 같아 연거푸 마시는 물맛에 물봉선도 빨갛게 피었다. 지금부터 확실히 오르막이다(향적봉6.5·횡경재1.2킬로미터). 산목련, 조릿대를 지나 물소리 들리지 않는다. 여름 산 오솔길 딛는 기분, 땀을 즐기면서 걷는 숲이 좋다. 40분 오르니 발아래 굽어볼 수 있다.

잠시 바위에 앉아 쉬는데 사탕 한 개 맛이 피로를 잊게 하고 바람까지 살랑살랑 젖은 머리카락을 날린다. 우리 몸의 에너지원은 혈액의 포도당을 소모하고 간에 저장된 글리코겐, 다음에 지방을, 마지막으로 근육의 에너지를 쓴다. 지방을 소모하려면 사탕, 엿, 과일 등 탄수화물을 힘이 부치기 전에 자주 먹어 줘야 한다. 지치면 식욕이 떨어져 먹을 수 없다.

11시경 횡경재다(백암봉3.2·신풍령7.8·송계사3킬로미터). 햇볕이 쨍쨍 내리쬐는데 곧장 백암봉으로 내닫는다. 지금부터 능선길이니 걸음은 빨리 딛는다. 초롱·며느리밥풀·동자꽃, 미역줄거리·신갈·당단풍·노린재나무들이 즐비하다. 플라타너스 잎보다 작고 단풍보다 덜 갈라져 고운 잎을 달고 있는 나무. 단풍나무와 한 집안 식구면서 연초록 잎에 잎자루(葉柄)가 붉은 시닥나무를 만난 것은 즐거움이다. 사진 찍고, 수첩에 기록하며 땀을 닦는데 앞서간 일행은 볼 수 없다. 2~30분 지나 동자꽃 군락, 흰 꽃을 매단 참취·비비추·우산나물·까치수염·단풍취·박새…… 물푸레·신갈·철쭉나무 거목들이 때

덕유산 능선길, 저멀리 삿갓봉

산오이풀

묻지 않은 듯 의젓하다. 11시 45분경 잠시 쉬는데 한 군데 소복이 모인 산당귀 · 사초 · 참나물 · 비비추 · 우산나물이 발길을 잡는다. 산꾼들이 알면 산당귀는 결코 무사할 수 없으리라. 12시경 백두대간 검푸른 산맥을 바라보는데 마가목 잎은 벌써 붉게 물들었다. 햇빛을 가린 신갈나무 아래 동자꽃에 셔터를 누르는데 인기척이다. 부부인 듯 눈빛이 마주치는 순간 "동작 그만." 자세다. 아마 자기네들이 찍혔다고 불편했을 것이다. 그들은 무엇을 캐다 들켰고 나는 "어험, 어험" 헛기침만 해댔다. 괜스레 미안했지만 한편으론 미안해도 싸다는 생각이 들었다.

해발 1천 미터 넘는 능선의 조릿대 숲길은 오늘 산행의 덤이다. 신갈나무가 그늘을 만들어 주고 중간층에 철쭉을 비롯해서 미역줄나무 · 조릿대 · 며느리밥풀꽃 · 떡취들이 아래층을 이룬다. 바디나물 · 산당귀 · 초롱꽃 · 모시대 · 잔대 군락지를 지난다. 12시 20분 백두대간 갈림길인 송계삼거리 백암봉(향적봉 2.1 · 동엽령2.2 · 삿갓재대피소8.4 · 남덕유13.7 · 횡경재3.2 · 송계사6.2 · 신풍령11킬로미터). 저 멀리 남쪽으로 줄기차게 달려간 동엽령, 삿갓봉, 남덕유산과 북서쪽으로 북덕유산인 중봉, 향적봉이 올라서 있다.

정상으로 오르면서 왼쪽이 장수, 무주요 오른쪽이 거창지역이다. 백암봉에서 중봉까지 땡볕 바위마다 산오이풀이 붉은 여우꼬리마냥 교태를 부리는데 잡귀를 쫓는 물색처럼 바람에 나풀거린다. 산오이풀(地楡草)은 장미과 여러해살이로 비비면 수박, 오이냄새가 난다. 8~9월에 자주색 꽃이 강아지풀처럼 가지 끝에 달리고 이삭째 염료로 쓴다. 높은 산과 만주에까지 자란다. 사포닌·탄닌의 쓰고 떫은맛 때문에 뿌리를 작약, 익모초처럼 산후 출혈·월경과다 등 부인병에 썼고, 개에게 물렸을 때 뿌리를 짓어 붙이기도 했다. 하늘거리는 모습이 앙증스러워 애교의 상징이다.

덕유산 무주구천동에 9천여 개의 절집(道場)이 있었다는 것은 과장된 것이라 해도 동자승들이 왜 이렇게 많은지 길섶, 숲속에 즐비하다. 스님을 기다리다 얼어 죽은 자리에 핀 것이 동자꽃이라는데…… 나무계단 옆으로 광대싸리·까치수염·산오이풀·흰고려엉겅퀴, 잎이 두터운 호랑버들·멸가치 등 온갖 식물들이 뽐내고 있다.

12시 50분경 중봉에 서니 오수자굴 갈림길이다. 중봉에서 향적봉 오르는 길에 노란 원추리 꽃이 수를 놓았는데 노랑물봉선·물봉선·동자꽃·흰진범·철쭉·병꽃·신갈나무도 줄을 섰다.
"이게 무슨 꽃입니까?"
"……"
오누이끼리 얘기를 나누다 묻는다.
"물봉선입니다."
"유행가, 손대면 톡 하고 터질 것만 같은 그대……."
"꼬투리 건드리면 씨앗이 튑니다."
"……"
"뭔가 튀어 나갔어요."

"그래서 나를 건드리지 마세요."

"……."

그들은 삼공리에서 리프트를 타고 왔다. 송계사 쪽에서 4시간 올라온 우리와 느낌은 전혀 다를 것이다. 길옆의 구상나무에 대해 사설을 늘여 놓는다.

"일제 강점기 때 빼앗긴 우리 나무. 크리스마스트리로 세계 최고인데 비싼 사용료(Royalty)를 주고 오히려 사야 돼요."

구상나무는 한국특산 소나무 과. 적응력이 뛰어나고 모양이 아름다워 크리스마스트리로 유명하다. 한라 · 지리 · 덕유산의 높은 곳에 산다. 제주에서는 쿠살낭이라 한다. 쿠살은 성게, 낭은 나무의 사투리. 솔방울 끝의 비늘이 갈

구상나무

고리(鉤) 모양(狀)으로 젖혀져 구상(鉤狀)나무다(젖혀지지 않으면 분비나무). 푸르고 붉고 검은 솔방울이 다닥다닥 하늘 보는데 북유럽 분위기를 자아낸다.

백여 년 전 열강에 의해 어수선하던 시대, 우리도 모르게 유럽으로 실려 간 구상나무는 미국 식물학자 윌슨에 의해 변신한다. 그나마 학명[1]이 코리아를 달았으니 다행이다. 이 밖에도 수수꽃다리를 가져가 개량한 미스 김 라일락 등 생물주권을 빼앗긴 것이 한두 가지가 아니다. 이렇게 유출된 것은 기록이 잘 없어 대항하기 쉽지 않다. 먹고 살기 바빠 어쩔 수 없었다 해도 등록되지 않은 자생식물들이 많다. 바야흐로 생물자원이 국력인 시대다.

오후 1시 향적봉(香積峰 1,614미터, 설천봉0.6 · 백련사2.5 · 대피소0.1 · 동엽령

---

1) Abies koreana E.H. Wilson. 구상나무 학명.

겨울 설산

4.3 · 남덕유산14.8킬로미터). 덕유산(德裕山)은 흙산(肉山)으로 난리 때 숨으면 찾을 수 없으므로 덕이 있는 산이라 했거늘 장쾌한 산맥과 골짜기마다 계곡을 만들어 모든 것을 품고 있으니 덕산이 아닌가? 거창, 함양, 무주, 장수 등에 걸쳐 있고 금강, 낙동강, 섬진강의 분수령을 이룬다. 구천동 · 칠연 · 월성 · 송계계곡이 빼어나고 육십령에서 북쪽 소사고개까지 거의 36킬로미터다. 1975년 국립공원으로 지정, 설천 · 삼공 · 칠연 · 월성 · 송계지구로 나눈다. 봄에는 철쭉군락, 여름철 계곡의 물길, 온갖 단풍과 눈 덮인 설경이 으뜸이다. 특히 눈보라 날리는 능선의 구상나무와 주목이 장관이다.

저 멀리 가야산, 비계산, 황매산, 지리산, 삿갓봉, 남덕유산, 장수덕유산, 대둔산, 계룡산, 서대산, 적상산의 그림이 파노라마처럼 펼쳐져 있다. 정상에는 설천봉으로 리프트를 타고 올라 온 사람들이 많은데, 표지석에서 사진 한 장 찍으려니 한참 줄을 서야 한다. 구름이 몰려와 흐렸다 맑았다 한다. 그래도 눈 덮인 겨울 설산에 비하면 아무것도 아니다. 백련사 쪽으로 올라온 것이 아마 대여섯 번 넘는다. 얼마나 추웠으면 쪼그려 앉아 막걸리를 데웠을라고……

정상 부근에는 식물이 많기도 하다. 병꽃 · 명자순(조선까치밥) · 매발톱 · 나

천년을 넘나드는 주목나무

고사목. 소뿔을 닮았다

래회 · 털개회 · 왕괴불 · 귀룽 · 노린재 · 개다래 · 쥐다래 · 딱총 · 사스레 · 백당 · 구상 · 주목나무⋯⋯. 향적봉대피소 뒤에는 황적색 동자꽃이 길마다 피었는데 겨울 눈 속에서도 고운 빛을 감추고 있었나 보다. 오후 1시 30분쯤 다시 주목을 만나고 산 아래 멀리 서쪽 들판과 연못을 바라보면서 밥 한 덩이, 사과 한 쪽으로 점심이다. 언덕 너머 하얀 석상처럼 우뚝 서서 죽은 주목나무를 보면 인간의 영원과 욕구의 결말을 보여주는 듯, 저 나무도 한 때 무성하고 씩씩했던 가지와 잎을 지니고 있었을 터. 나도 발밑의 세상을 바라보고 있다.

오후 2시 10분 출발해서 백암봉까지 내려가는 길은 20분 남짓, 3시 20분 다시 횡경재에 닿는다. 한층 기울어진 햇살이 숲속을 비추어 나무도 바위도 흙도 후끈 달아올랐다. 송계사에서 횡경재는 때가 덜 묻은 구간. 20분 더 내려가는데 잣 · 서어 · 쇠물푸레 · 물오리 · 쪽동백 · 대팻집나무가 늘씬하다.

계곡물소리 다시 들리고 오후 4시경 이정표 있던 맨 꼭대기 계곡(향적봉 6.5 · 횡경재1.2킬로미터)이다. 물통을 채우니 지금까지 물 2리터 넘게 마셨다. 잠시 짐을 내리는데,

"안녕하세요?"

백암봉. 남덕유산으로 가는 능선이 열다

횡경재 내려가는 숲길

네 사람이 물가에 앉아 담배를 피운다.

"어느 쪽에서 오셨습니까?"

"설천봉에서 리프트 타고 와서 송계사로 내려갑니다."

"우린 향적봉 갔다가 송계사 입구까지 원점회귀 중입니다."

"대단하십니다."

"……."

"물 맛 좋고 이 산에 공기도 참 깨끗하죠?"

"……."

그들은 슬그머니 담배를 감추고 내려간다. 산에서 함부로 담배 피우면 30만 원까지 과태료를 물 수 있다. 공원 지역은 수백만 원 될 것이다.

우리는 흐르는 물에 손수건 씻고 물통을 다시 채워 걷는다. 함박꽃·비목나무를 두고 오후 5시경 되돌아 왔다. 땀 흘리고 난 뒤 계곡물에 허우적거리는 것이 배냇짓과 무엇이 다른가?

어느 절집에 들렀는데 염불·목탁소리도 없고 중이 번듯이 누워있다. 황망히 나오면서 하는 말이 가관이다.

"여기까지 왔는데 그냥 가면 되나 절도 하고 시주도 해야지."

"……."

어이 없어 그냥 나왔다.

무례한 중을 생각하면 삼복염천에 설중단비(雪中斷臂)[2]의 고결한 스님을 그려본다.

설산의 추억, 무주 구천동

향적봉의 고사목 눈꽃과 끝없이 펼쳐진 설원의 파노라마. 눈 덮인 첩첩 산은 한 폭의 담채화(淡彩畵)다. 향적봉에서 중봉까지 눈꽃은 덕유산의 또 다른 모습을 그릴 수 있다. 향적봉은 쉽게 오를 수 있지만 겨울철 기상변화가 심해 눈보라를 만날 수 있으므로 단단히 무장하지 않으면 사고 나기 십상이다. 8시 30분 삼공리 주차장에는 설국의 배경인 듯 회색 풍경이 겨울 산하를 장악하고 있다. 소설의 무대처럼 눈이 만들어 놓은 하얀 그림 위에 등장인물은 가지각색인데 긴장감이나 특별한 사건이 없으니 오늘 산행은 무채색이다.

아침 일찍 거창 마리·위천·고제를 넘어 얼어붙은 길을 달려 무주 삼공리로 넘어 왔다. 겨울 장비를 꺼내느라 모두 바쁘다. 아이젠에 스틱, 마스크, 장갑, 스패츠를 끼고 구천동 길 걷는데 햇살이 눈부시다.

9시 15분 의병순국비, 6·25전쟁 구천동 수호비를 지나 눈 덮여 얼어붙은 인월담을 두고 걷는다. 이곳은 함양에서 일어나 1908년 일본 헌병대와 싸워 이긴 의병장 문태서(1880~1913) 항일격전지, 6·25전쟁 때 인천 상륙작전으로 퇴로가 막힌 인민군들이 이곳으로 숨어들었는데 토벌 과정에서 군인·지역주민 등 희생당한 이들을 기린 곳이다. 60여 년 전 덕유산, 지리산, 백운산 일대에서 저항했던 남부군은 조선인민유격대남부군단으로 6·25전쟁 전후 유격전

---

2) 혜가(신광)는 달마를 스승으로 섬기고자 눈 속에서 스스로 팔을 자른 후 선종의 제2조가 되었다.

겨울의 유장한 산하

겨울산행, 가슴 벅참을 느낄 수 있다

눈 덮인 첩첩 산

을 벌이던 비정규군 빨치산(partizan)이다. 후방을 교란하여 전선에 영향을 미쳤으며 국민들의 사기를 떨어뜨리기도 했다. 이들 토벌작전에 2개 사단 규모가 투입되어 사살·포로·투항 등 1만여 명이 넘는 전과를 올렸다고 한다. 근대화 과정을 거치면서 남부군의 이야기는 금기시 돼 왔지만, 80년대 민주화 분위기가 무르익을 무렵 소설 남부군이 서점가를 휩쓸었고, 남쪽의 추격과 북의 버림을 받은 빨치산의 시련과 최후를 그린 남부군이 영화로 제작되기도 했다. 격전의 현장이었다고 생각하니 계곡의 바위산이 험상궂다.

무주(茂朱)는 무풍, 주계의 첫 자를 따서 불렸는데 당시 신라, 백제 국경 주계를 붉은 내(赤川)라 했다. 붉은 피든, 붉은 단풍이든 벌거벗은 나무들이 이룬 겨울 숲. 전나무, 소나무 사이로 새소리 들려도 숲은 꿈쩍 않고 계곡의 얼음 밑으로 물소리 희미하다.

10시 10분 백련사(白蓮寺), 일대에 많은 절집이 있었으나 지금은 이곳만 남았다. 신문왕 때 연꽃이 나온 곳이라 백련사라 하였고 여러 번 새로 지었다. 눈바람에 삼성각 앞에서 신발에 붙은 눈을 털며 햇볕을 쬔다. 향적봉까지 2.5킬로미터, 잠시 더 올라가 쉰다. 여기서부터 오르막인데 바람이 잠잠하고 눈 위로 땀이 뚝뚝 떨어진다. 선글라스에 김이 서려 하얘지고 11시 50분 다시 눈바람 일기 시작한다. 울부짖는 바람과 눈보라는 혹독하다. 정상이 가까워진다는 것이겠지. 머리카락에 고드름 달리고 지팡이에 힘을 주니 쑥 들어가 버린다. 하마터면 눈에 빠질 뻔 했는데 겨울산행 때 지팡이를 잘못 디딜 수 있으므로 발자국이 없는 곳은 각별히 주의해야 한다. 12시 5분 대피소와 정상 갈림길(대피소0.1 · 정상0.2 · 백련사2.3킬로미터)에 바람이 몰아쳐 우린 산장 쪽으로 가기로 했다.

5분 더 올라서 대피소를 지나고 12시 20분 향적봉(1,614미터)에는 살을 에는 바람에 손발이 시리고 사진 찍기도 힘들어 다시 산장으로 내려선다. 라면 냄새, 화장실 냄새가 뒤섞여 역겹다. 사람이 더럽다는 말에 오늘은 동의한다. 추운데 점심을 해결하려니 서울역 대합실보다 복잡해서 자리가 없다. 일행들과 눈밭에 비집고 앉아 겨우 허기를 면했다. 보름 전에 예약을 해야 한다. 컵라면을 팔고 취사장이 있으나 좁고 지저분하다.

오후 2시경 중봉에 서니 오수자굴 갈림길이다(동엽령3.2 · 오수자굴1.4 · 향적봉1.1킬로미터). 유장하게 흘러간 조국의 산하, 여기서 먼 산줄기 바라보니 가슴 뭉클해진다. 온 세상이 설국인데 하늘은 더욱 푸르다. 눈길이 미끄러워 조심조심 오후 3시 15분 오수자굴에는 고드름이 주렁주렁 매달렸고 잔설이 얼어붙었다. 갈천 임훈의 향적봉기에 오수자라는 고승이 도 닦은 곳이라 한다. 갈천은

유난히 산을 좋아했는데 덕유산 남쪽에서 오수자굴, 백련사로 다녔다. 오수자
굴을 계조굴이라 하였고 당시 향적봉에 향나무가 많았다는데 아마 사촌뻘 되
는 주목·구상·노간주나무들이 있어서 그렇게 부르지 않았을까?

　관광버스팀에 막혀 앞서거니 뒤서거니 걷는데 눈의 무게에 못 이겨 부러진
전나무 몇 그루 애처롭다. 이 산에 칡이 자라지 못한다지만 계곡 너머 덩굴이
간혹 보인다. 옛날 구천동에 칡을 캐먹고 사는 형제가 있었는데 눈먼 형은 먹
다 남은 것을 주며 무시한다고 의심해서 아우를 죽여 버렸다. 동생은 소쩍새가
되어 형을 데리고 가 칡을 꺾으려 하나 손에 닿으면 말라버리니 형은 굶어죽고
말았다는 전설이 있다.

　오후 4시경 다시 백련사에 도착(삼공리관리사무소5.5·오수자굴2.8·향적봉2.7
킬로미터)하면서 땀이 식어 춥고 장작불이 그립다. 송어양식장 지나 산그늘에
밀려 긴 계곡 길을 걷는다.

　백련사에 이르는 굽이진 계곡 일대를 구천동(九千洞)이라 하는데 흐르는 계
곡물은 부딪히고 미끄러지면서 폭포가 되고, 기이한 바위들이 구천 개 널려서
구천동, 구천 개의 절집이 있었다 해서, 절이 많아 구천 명이 다녀갔다고, 구·
천씨가 살았다고 구천동……. 어쨌든 유래가 하도 많은 것은 그만큼 경치가 빼

눈에 갇힌 백련사

어나서 그렇다고 생각한다. 구천동은 산골의 대명사다. 덕유산에서 시작되는 물줄기는 북동쪽으로 금강 상류 무주구천동을 만들고, 서쪽은 칠연(七蓮)·용추(龍湫)폭포를 거쳐 안성분지로 흘러 금강지류를 만든다. 남동쪽은 거창 위천(渭川), 황강(黃江)을 이루어 낙동강으로 흘러간다.

오늘은 날씨가 춥고 어설퍼서 설명이고 뭐고 겨를이 없었다. 오후 5시 10분 삼공리 주차장에 도착하니 일행은 모두 지쳤고 등산화도 젖어 얼어붙었다.

삿갓봉 오르는 길

9시 45분 덕유산 소금강 월성계곡 주차장. "황점통제소 등산로"를 입력해야 목적지로 안내 한다. 벌써 관광버스 몇 대가 먼저 와서 요란스럽다. 산에 올라갈 준비운동을 하는 이들, 다리 밑에 상을 차린 사람들까지 왁자지껄, 엉망진창이다. 힘차게 내려오는 계곡물소리 들으며 걷는 길에 비목·누리장나무 열매가 빨갛게 단장하고 유혹한다. 10시 정각, 삿갓재 탐방로 입구에는 쪽동백·산뽕·굴참·졸참·물푸레·병꽃·가막살·다릅·고추·생강·신나무들이 물을 흠뻑 머금어 기세를 뽐낸다. 30분 더 올라서니 여꿔, 물봉선 꽃이 물안개를 맞으면서 더욱 붉고 박달나무에 걸음을 멈춘다. 물빛을 받은 적갈색 몸매는 독특한 색깔을 더하는데 신성한 단군수(檀君樹). 무겁고 단단해서 홍두깨·방망이·수레바퀴로 썼으니, 이보다 굳센 나무가 있었던가? 나무다리 밑으로 계곡물이 콸콸 흘러가고, 바위는 돌이끼에 덮여 세월에 견딘 흔적이 뚜렷하다.

물을 채우는데 함박꽃나무, 산수국 꽃은 모두 떨어졌고 바위틈, 계곡으로 떠들면서 흘러가는 물소리에 귀먹겠다. 긴 나무계단을 한참 올라 11시 20분 남덕유 참샘의 물맛이 뛰어나다. 친절하게 수질검사 성적표까지 붙여 놨다. 이 산중에 수질을 따질 사람 있겠는가?

다시 나무계단 오르며 조그만 가지를 잡으니 힘없이 꺾이는 나무. 아무리 생각해도 이름이 떠오르지 않는다. 잎은 마주나고 열매는 깍지(莢果)다. 괴불나무인 듯……. 물봉선 활짝 폈고 진범도 친구 되어 옆에서 흰 봉오리를 달았다. 11시 30분 백두대간 능선 삿갓재 대피소(황점마을4.2·향적봉10.5·남덕유산4.3·참샘0.06킬로미터). 의자, 탁자, 화장실이 있고 대피소는 굳게 닫혔는데 팻말만 붙어있다.

햇볕이 뜨거워 쉬지 못하고 왼쪽 삿갓봉으로 걸음을 옮긴다. 두릅·미역줄거리나무 멀리 남덕유산이 다가오고 뒤따라오는 이들은 숨을 헐떡거리면서 오른다. 꾸준히 걷는 산행은 지구력이 기본이지만 지나치게 오랜 시간 걷다보면 관절이 문제가 될 수 있다. 얼마 전 건강검진을 했더니 심장이 커졌다고 해서 재검을 했다.
"스포츠맨입니까?"
"……."

"등산 자주해요."

"운동 많이 하는 사람은 심장이 큽니다. 혹시 다른 이상 있을까 싶어 정밀검
사를 해 본 것입니다."

"일주일에 두 번, 6~7시간 걷습니다."

"무릎 다칩니다. 일주일 나눠서 하세요."

"……."

알고 있지만 시간이 있어야지. 유산소 · 지구력 운동을 많이 하면 박출량이
세져 80대 운동선수 심장은 40대와 비슷하다.[3] 하지만 심장이 커지면 심방 ·
심실이 좁아 압력이 올라 부담을 줄 수 있다. 적당한 것이 좋다.

정오 무렵 능선길은 물봉선이 줄을
섰다. 연갈색으로 익은 씨방을 만지니
탁 터지는데 왼쪽 눈 속으로 그만 씨앗
이 들어갔다. 일행은 막무가내 눈꺼풀
을 벌려 후후 분다. 다시 꼬투리를 만
지니 안으로 말려 있던 것이 용수철처

물봉선, 꽃과 꼬투리

럼 타닥 터지면서 탄력적으로 깨알 같은 씨앗이 튀어 나간다. 신기하지만 절묘
한 타이밍을 자연에서 한 수 배운다.

5분 더 올라 삿갓봉(1,418미터) 표석에 주저앉는다. 초롱꽃, 사스레 · 쇠물푸
레 · 함박꽃나무들이 군락을 이뤄 햇볕을 가려준다. 삿갓봉 곧바로 지나가는
갈림길 이정표 앞에 서니 12시 20분이다(월성재1.9 · 삿갓재대피소1 · 삿갓봉0.3
킬로미터). 남쪽으로 뻗은 길 따라 호랑버들, 산오이풀이 흐드러졌고 앞에서 왼
쪽이 하봉, 가운데 남덕유산, 오른쪽이 서봉인데 장수덕유산이다. 비비추 · 진
범 · 질경이 · 미역줄 · 물봉선 · 며느리밥풀꽃 · 까치수염 · 중대가리풀 · 단풍

---

3) 미국 스캇 트레프(Scoott Trappe).

삿갓봉, 건너편이 남덕유산

취 · 떡취 · 돌단풍흰색 꽃이 곱다. 더운 능선길 마가목 · 물푸레 · 다릅나무에
정신을 팔고 있는데,

"물 좀 얻어먹을 수 있을까요?"

건장한 두 사람이다.

"어느 쪽에서 올라오셨어요?"

"영각사……."

헉헉 연신 숨을 할딱거리면서 물을 마셔댄다.

"물 한 통 다 드세요. 물 없으면 산에는 자살행위입니다"

"고맙습니다."

"어디까지 가시려고?"

"……."

"삿갓재 대피소 가면 60미터 아래 샘터가 있어요. 중간에 관광버스팀들 만
나면 먹을 것도 얻을 수 있을 겁니다."

1리터 물 한 통 다 비워서 플라스틱 두 병 가득 채워줬더니 연신 머릴 숙이
고 간다.

산중에 질경이 풀이 새롭다. 질경이풀은 길가에서 흔히 자라므로 차전초(車前草)라 한다. 줄기는 없고, 잎은 뿌리에서 뭉쳐 나와 6~8월에 흰 꽃이 핀다. 어린잎은 나물로 먹으며 이뇨 · 방광염 · 간 · 두통 · 설사에 효능이 있다. 질경이풀은 밟혀 뭉개지고 찢겨지지만 고난을 이기며 꽃을 피운다.

병자호란 무렵 오랑캐들은 수십만 명을 납치해 갔다. 양민들뿐 아니라 양반 부녀자들을 전리품으로 잡아가 돈을 받고 보내줬는데 이른바 환향녀(還鄕女)다. 한심한 것은 정절 잃은 가문은 문과에 나갈 수 없고, 절개 잃은 여자는 남편과 의리가 끊어진 것이라 해서 당시 양반사회에 큰 파장을 일으킨다. 이처럼 환향녀 문제가 골칫거리가 되자 무악재 근처 홍제천에서 몸을 씻고 오면 쫓아내지 않도록 왕명을 내리기도 했다.

왕이 직접 나서서 여자들의 정조를 복원해 준 것이니 어찌 성은이 망극하지 않을 수 있겠는가? "역군은(亦君恩)이샷다."[4] 시대를 잘못 만나 끌려간 여자들이 무슨 죄가 있었기에 두 번씩이나 죽였으며 그 잘난 사대부들이 국제정세를 읽지 못해 강토가 짓밟혔는데도 반성은커녕 정절(貞節)과 좌포우혜(左脯右醯)를 고집하고 쓸데없는 위패시비나 일삼았으니 결국 나라를 망친 것 아닌가? 오랑캐에 끌려갔다 돌아온 소녀와 이루지 못한 사랑으로 길가에 피어난 질기고 모진 풀이 질경이다.

오후1시 10분 월성치 내려다보이는 곳에서 점심이다. 쇠물푸레 가지 꺾어 나무젓가락 만들어 밥을 먹는다. 가지를 담그면 파래진다고 물푸레나무지만 도리깨, 회초리, 농기구 자루로 썼으니 오늘 젓가락은 고급이다. 일행으로 같이 간 아이에게 물푸레나무처럼 겸손하면서 열심히 노력하는 사람이 되라고 이른다.

---

4) 또한 임금의 은혜로다. 사대부들의 시조종장 구절, 강호사시가, 감군은 등.

제주도로 수학여행 간 여학생이 젓가락 만들어 김밥을 먹다가, 외국에서는 나뭇가지를 핫도그에 끼워먹다 죽은 일도 있었다. 가늘고 미끈하게 생긴 협죽도(夾竹桃)[5], 무시무시한 악녀(femme fatale)의 독나무 꽃은 아름답지만 사약 만드는 데 썼고 유액(乳液)은 화살촉에 발랐다. 최근 보험금을 노려 달인 물을 먹인 사건도 있었다.

오후 2시경 월성치(황점마을3.8 · 삿갓골대피소2.9 · 남덕유산1.4킬로미터)에서 10분쯤 지나 물통을 채우고 내려가는 길은 서어 · 노각 · 대팻집나무 자생지다. 그늘진 계곡 따라 1시간 더 걸어서 월성계곡 입구. 계곡물이 좋은데 다리 밑에 웃통 벗은 배불뚝이들······. 층층나무 덕택에 눈이 덜 피곤하다.

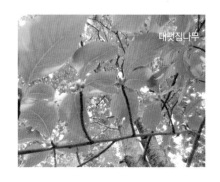
대팻집나무

나무껍질이 어설퍼 거지나무로 부르는 물박달나무가 푸른 숲속에 드문드문 서서 지저분한 계곡을 굽어보는데, 고기 굽는 냄새 산천을 오염시켜 문화의 후진성을 과감히 보여준다. 오후 3시경 황점마을 주차장에 다시 돌아오니 뜨거운 햇살이 눈살을 더욱 찌푸리게 한다.

영각사에서 오르는 남덕유산
정오 무렵 영각사 입구, 고향 같은 서상면 소재지를 두고 달려 온 것이 못내 아쉬웠다. 영각사 버스 정류장은 물레방아 모양인데 과연 물레방아 고을답다. 연암 박지원이 안의 현감으로 있을 때 처음 만들었다. 이정표(남덕유산3.8 · 공원지킴터0.4 · 영각사0.3킬로미터)를 지나 공원지킴터까지 15분가량 걷는데 길

---

5) 버드나무를 닮고 빨강 · 노랑 · 흰색 꽃이 복숭아 비슷해서 유도화(柳桃花), 대나무(竹)에 낀(夾) 복숭아 꽃(桃) 등으로 불림. 인도 원산(주의, 위험이 꽃말).

옆에 승탑이 서 있다. 달맞이꽃·달개비·여뀌·쇠무릎·박주가리·며느리밑씻개·한삼덩굴 소복이 피었고, 멀리 남덕유산 정상에 구름 몇 자락 몰려다닌다. 공원지킴터를 왼쪽에 두고 오르는 길, 산딸·층층·개벚·쪽동백·서어·신갈·느릅·소나무 길게 뻗은 발아래 조릿대가 길을 만들어 놓았다. 바위마다 계곡 물소리 심심찮고 터리풀 하얀 꽃향기 진동하는데, 30분 더 오르니 노린재·생강·물푸레·비목·까치박달나무들이 머리에 닿는다.

입가에 뭔가 쑥 들이민다.
"고욤? 으름?"
"다래다."
산속의 돌길에 떨어진 다래 맛이 순하다.

아직 초록색인 신갈나무 열매도 띄엄띄엄 떨어져 눈길을 붙잡는데 12시 50분, 나무다리에서 배구공 껍질같이 생긴 열매를 만난다. 몇 개는 벌써 빨갛게 벌어져 달려있다. 참회나무는 노박덩굴과(科) 낙엽관목으로 타원형 잎은 마주나며 꽃자루가 길고 흰색으로 핀다. 열매는 검붉은 깍지(蒴果)로 익는데 계곡 비탈에 자란다. 줄기껍질, 뿌리로 관절, 이질, 음낭습진을 치료했고 이(虱)를 없애는 데도 썼다.

참회나무, 가을이면 붉은 깍지로 익는다

오후 1시경 마지막 바위샘에서 물 마시고 땀 흘리며 오르는 산길, 4~50년 된 사스래나무 주변에 물봉선, 쑥부쟁이, 산괴불주머니 활짝 폈다. 계곡의 습기 많은 곳마다 자라는 함박꽃나무를 지나 여기저기 자주색 투구꽃도 많다. 오후 1시 20분, 긴 나무계단을 올라 능선(남덕유산0.9·공원지킴터2.5킬로미터)에 잠시 쉬는데 구름이 가려 월성계곡 쪽은 안개로 덮였다. 물푸레나무, 며느리밥

정상에서 바라본 월성계곡

풀꽃길 오르며 흰고려엉겅퀴 잎을 씹으면서 단내 나는 입속을 헹군다. 어제 비 내렸으니 오늘은 안개 산이다. 일기예보에 오후는 갠다고 했지만, 산속의 기상은 알 수 없어 그야말로 오리무중이다.

가파른 철 계단 따라 산오이풀 · 까치수염 · 미역줄나무 · 광대싸리 널브러졌고, 사스래나무는 산 정상 부근에 억눌려 크는지 잎이 작아서 구분이 잘 안 된다. 이미 꽃이 다 졌지만 흰참꽃은 바위에 붙어 앙증맞은 잎을 보여주는데 이들은 거의 안개와 함께 사는 식물이다. 함박꽃나무도 고추를 닮은 검붉은 것을 대롱대롱 달았다. 선녀의 고운 향기를 가진 열매를 말리면 하루만 지나도 딱딱한 육질속의 씨앗이 밖으로 삐치는데 신기하다 못해 섬뜩할 정도다.

함박꽃나무 열매

남덕유산, 날개달린 개미들이 점령했다

오후 2시 남덕유산 정상(1,507미터, 향적봉15 · 영각사지킴터3.4킬로미터), 날개 달린 개미들이 왱왱거리면서 떼거리로 달려든다. 북덕유산으로 향하는 산맥 은 구름에 막혀 시야를 가렸고, 안개들은 몰려다니다 언뜻언뜻 산 아래 풍경 을 보여주는데 서상 일대, 월성계곡이 나타났다 금방 사라진다. 땀에 젖은 옷 에 추위를 느끼면서 점심으로 허기를 달래는데 발아래 벌개미취, 쑥부쟁이, 구 절초 정직하게 피었다. 바위에 설치해 놓은 철 계단을 조심조심 내려오면서 두 메부추, 여우꼬리를 닮은 산오이풀을 만난다. 바위아래 신갈 · 함박꽃 · 사스 래 · 철쭉 · 미역줄거리나무 한곳에 어울려 자라는데 침엽수래야 구상나무가 바위 끝에서 산 아래를 바라보고, 독야청청 홀로 선 잣나무가 이방인이다. 사 실은 잣나무(Pinus koraiensis)도 주인이자 토종이다.

"나무가 붕대를 감았네."
"그래. 붕대나무다."
"바위에 선 사스래나무는 가로로 하얀 붕대를 친친감은 듯 만지니 껍질이 벗겨진다. 옛날 어느 왕자가 누명을 써 도망갈 데가 없자 하얀 천을 감고 죽은 자리에 나무가 생겼다는 전설이 있다. 벗겨도 계속 흰 껍질이 나오는 것은 정 체를 숨기려는 왕자의 넋이라고 한다. 자작나무과(科)에는 자작 · 거제수 · 사

붕대감은 사스래나무

하늘로 솟은 산

스래나무가 있다. 자작은 강원·평안·함경도 이북이 자생지, 거제수는 중부 이북 만주·아무르에 자라고, 중부 이남의 한라·지리·소백산 일대에 사스래나무가 주로 산다.

내려오는 조릿대길 옆으로 철쭉·쇠물푸레·당단풍·광대싸리·국수나무를 스쳐 지난다. 오후 3시 30분쯤 계곡에 발을 담그니 한결 개운한데 차서 시리다. 9월 초순이니 저녁 6시 지나면 해 지고 일교차도 심해 서늘하다.

공원지킴터 못 미쳐 아기 배(梨)를 닮은 아그배나무 꽃이 하얗다. 가지에 털이 많고 흰색·연홍색 꽃이 피는 꽃사과나무와 헷갈리는데 둘다 장미과다. 배나무과인 산사나무는 결각이 깊고 무더기로 꽃이 피므로 차이가 있다. 마주나는 잎에 털이 있는 왕괴불 나무 요모조모 살피면서 오후 4시 15분 영각사공원지킴터에 도착한다. 안내판을 보면서 시간을 헤아리는데 정상까지 2시간 이상, 하산 길도 그만큼 걸리는 4시간 넘는 구간이다. 시멘트포장길 15분 더 걸어 영각사 입구에 닿는다. 가을 공기 완연한데 어느덧 산 그림자는 우리보다 빨리 내려왔다.

돌배나무가 주인인 영각사

영각사(靈覺寺)는 신라 시대에 세운 절인데 지금도 고색창연한 자태를 보여준다. 부처가 아홉 군데 설법한 곳마다 광명을 비쳤다고 구광루(九光樓)라 불리는 이층 누각이 발길을 멈추게 한다.

우진각지붕에 장작을 피우도록 아궁이 놓은 특이한 목조건물에 템플스테이 현수막이 걸렸고, 경내는 부처의 자비를 받아선지 마당마다 잡초 밭, 아니 온갖 풀들이 자유를 누리는 특권지대다. 300살 더 된 산돌배나무에게 묵언을 청하지만 나의 영감이 부족한 건지 응답대신 몇 안 되는 작은 열매만 보여준다.

산돌배나무는 10미터 이상 자라며 건조한 곳을 싫어하고 5월에 피는 꽃이 흰 눈처럼 정갈스러워 우리 정서와 딱 맞다. 꿀이 많아 벌들이 잘 모여들고 재질이 매끄럽고 단단해서 염주 알을 만드는 데 썼다. 승려들이 얼마나 많았으면 돌배나무 거목이 네 그루나 있을까? 해인사와 맞먹는 큰절이었으나 6·25전쟁 이후로 쇠락했다.

신발 속에 돌멩이가 들어도 언제 다시 이 길을 걸을까? 봄철에 다시 오리라 생각하며 절집을 나선다. 비포장도로를 지나서 고갯마루 오르니 북상면이다. 한 계절 푸름을 자랑하던 잎들은 어느새 흐린 빛을 보여주는데 바람같이 달려간다. "구월이 오는 소리 다시 들으면 꽃잎이 피는 소리, 꽃잎이 지는 소리~."

탐방길

● **송계지구(향적봉까지 6.7킬로미터, 3시간 45분 정도)**

송계지구 탐방안내소 → (1시간 35분)횡경재 → (1시간 20분)백암봉 → (30분)중봉 → (20분)향적봉 정상 → (1시간 20분*휴식 포함, 실제 20분 거리)백암봉 → (50분)횡경재 → (1시간 40분*휴식 포함)송계지구 탐방안내소

● **삼공리(향적봉까지 8.2킬로미터, 3시간 50분 정도)**

삼공리 주차장 → (45분)의병순국비 → (55분)백련사 → (2시간 5분*악천후 지체)대피소 갈림길 → (5분)향적봉 → (1시간 40분*휴식 포함)중봉 → (1시간 15분)오수자굴 → (45분)백련사 → (1시간 10분)삼공리 주차장

● **영각사(남덕유산까지 4.1킬로미터, 2시간 정도)**

영각사 → (15분)공원지킴터 → (35분)나무다리 → (30분)능선 → (10분)철계단 → (30분)남덕유산 정상 → (1시간 30분)계곡 → (45분)공원지킴터 → (15분)영각사

* 2~10명 정도 걸은 평균 시간(기상·인원수·현지여건 등에 따라 다름).

울음소리 들리는 명성산

산정호수 · 미다스왕과 마타리꽃
궁예와 도읍지 철원 · 광대싸리 · 자인사

오후 4시 산정호수에 도착하니 소나기 제법 굵어졌다. 7월 28일 토요일, 습도 높아 날은 더 푹푹 찐다. 인상 좋은 여관 주인은 정갈스럽게 방을 정리해 놨다. 샤워하고 밖에 옷 말리라며 빨래 건조대까지 내어 준다. 묵밥과 이동막걸리 한 잔, 산정호수 물빛은 저녁 안개에 절경이다. 둘레길 3킬로미터 정도, 물안개 따라 걸으니 오늘 호수 길은 생각지도 않았는데 덤이다. 맞은편 산 구름이 걸렸고 소나무와 어우러진 검붉은 노을은 호수 둥둥 떠다니다 물에 빠졌다. 이름까지 아름다운 호수는 일제강점기 만든 산중 우물 같은 산안저수지, 산정(山井)호수로 이름났다. 한국전쟁 전에 38선 이북, 북한 땅이어서 김일성 별장터가 있다.

새벽 5시 일어나 바쁘게 짐을 싸는데 어젯밤 밖에 널은 옷은 덜 말랐다. 잠깐 걸어 주차장 길 건너 마을 안쪽으로 올라간다. 이른 시간이라 상점 문 연 곳 없어 물 준비 못했지만 계곡물 믿고 그냥 오른다. 6시쯤 책바위 갈림길, 바위 계곡 물이 마뜩잖아 비선폭포 쪽 직진하기로 했다.

"왜 계곡물이 흐리지?"

"글쎄."

산정호수 안개 구름

풀벌레 소리 따라 오는 긴 계곡, 신갈 · 당단풍 · 신나무 · 고로쇠 · 소나무 등산길 확실히 물은 오염됐다. 30분쯤 걸어 용이 올라갔다는 등룡폭포. 몇 개의 작은 폭포를 지났건만 비선폭포는 사라진 걸까? 몇 모금 남은 물통을 비우니 흐려서 채울 수 없다. 나무 사이 부는 바람 서늘하고 산 위로 아침 햇살이 싱그럽다. 이단폭포 갈림길(산정호수1.9 · 억새밭팔각정1.9킬로미터, 왼쪽 험한 길 거리표시 없음)에 5분 쉰다. 생강 · 당단풍 · 신갈 · 쪽동백 · 소나무길 잠시, "사격장 포성에 놀라지 마십시오. 특히 임산부 주의." 오른쪽 철책에 사격장주의 안내판이 걸렸다.

"계곡물 흐린 이유를 이제 알겠어."

층층 · 산딸기 · 느릅 · 고로쇠 · 물푸레 · 당단풍나무……. 포 쏘는 소리 대신 뻐꾸기소리만 들린다. 초원의 옛날 집터 같은데 드디어 구세주 만났다. 7시 약수터. 물맛도 좋고 시원한 산바람이 머리칼 흩날린다. 빈 물통 3개 채웠다. 10분 지나 억새밭, 바람길. 몇몇의 동자꽃 폈고 느릅나무 가지 사이 억새가 물결처럼 햇살에 반짝이며 일렁인다. 바람에 서걱거리는 억새소리는 마치 누군

계곡입구

물에 빠진 노을

멧돼지 닮은 바위

가 우는 듯하고 침묵하는 산. 그러나 산들은 모두 울음을 듣고 있다. 7시 20분 억새밭 꼭대기 앉으니 비로소 일망무제(一望無際)[1].

5분 오르면 갈림길, 왼쪽 책바위, 오른쪽은 삼각봉·정상구간. 1년 후에 받아보는 붉은색 우체통이 놓였는데 엽서가 없어 보내고 싶어도 못 보내겠다. 달맞이꽃·마타리꽃은 억새의 푸른 색깔에 더 노랗다. 7시 30분 바위에 앉아 아침을 먹는다. 새벽에 삶은 옥수수·감자·토마토는 자연과 잘 어울리는 먹거리다. 드문드문 바위와 넓은 초원은 스위스 산악 분위기. 한 손에 감자를 든 나는 오늘 알프스 소년이다.

아침 먹거리

"그 개구리는 도망갔을까?"

"무슨 개구리?"

"새벽녘 방에 들어온 개구리 쫓느라 시름했는데, 침대 밑에 숨었으니 청소

---

1) 한 번 바라보면 마주치는 것이 없음(눈에 가리는 것 없이 멀고 먼 모습).

억새평원

등룡폭포

느틉나무

할 때 나갈까? 다른 손님 들어오면 놀라 자빠지겠다."

8시 능선 꼭대기(삼각봉)에 서니 발 아래 산정호수, 어젯밤 자던 곳, 주차장, 멀리 산들이 구름을 뒤집어썼다. 지금부터 능선 바위길인데 이 높은 산에 호

산정호수

랑버들,미역줄 · 붉 · 소사 · 신갈 · 개암 · 물푸레 · 산머루 · 싸리 · 고광 · 찰피 · 엄나무 널브러졌다. 걸으면서 왼쪽은 산정호수, 오른쪽이 사격장. 땀을 닦으며 북쪽으로 걷는데 다릅나무는 꼭 물푸레나무와 같이 산다. 생강 · 찰피 · 철쭉 · 말발도리, 이산의 싸리나무는 아주 굵다. 바위 능선 길 마다 마타리 꽃. 나부끼는 훤칠한 키 노란색이 아름답다.

옛날 욕심 많은 왕이 손에 닿는 것마다 황금이 되게 해 달라고 빌었다. 신은 소원대로 해 주었다. 왕은 닥치는 대로 황금을 만들어 탐욕을 채웠다. 그런데 딸이 달려와 안기자 그마저도 금붙이가 된다. 대성통곡하며 딸을 다시 인간이 되게 해달라고 빌었지만 마타리 꽃으로 환생했다. 욕심쟁이 왕 이름은 미다스 (Midas)[2]. 마타리는 희생적인 사랑의 상징이다. 꽃은 초가을까지 노랗게 피고 잎에 잔잔한 톱니가 있다. 어린잎은 나물로 먹고 뿌리에서 썩은(敗) 된장 · 젓갈(醬) 냄새 난다고 패장(敗醬)이라 했다. 그러나 민간에선 열을 내리고 고름을

---

2) Midas touch : 미다스의 손(손대는 일마다 금전적 성공을 이루는 능력).

없애 이뇨(利尿) · 맹장 · 자궁염 · 충
혈 · 종기에, 잎을 말려 막걸리에 가루
로 타 먹으면 치질에도 효과 있다고 알
려졌다. 뚝갈과 구분하기 어렵지만 꽃
이 피면 뚝갈은 흰색이다.

능선에서 만난 마타리

"마타하리, 마타리, 말다리, 막타리."

"되게 헷갈려."

"마타하리는 여명의 눈동자 미모의 스파이, 꽃대가 길어서 말다리, 막타리는
아무데나 막 자라는 의미. 타리는 갈기, 거친 땅에 살아 마타리가 됐을 거야."

"대충 그래."

8시 30분 명성산 정상이 보이기 시작한다, 북쪽능선으로 계속 걷는데 여러
개 봉우리 뒤로 왼쪽이 주봉이다. 그 너머 멀리 철원평야 옛 도읍지. 패장(敗將)
이 된 궁예가 이산으로 도망쳐 왔으니 얼마나 원통했겠는가? 한을 가질만한 산
이다. 미다스 왕처럼 탐욕이 넘친 건 아니었나? 철원에서 왕건에게 쫓긴 궁예
는 이곳으로 후퇴해 전투를 벌이지만 졌다. 다시 일어설 수 없던 궁예가 소리
내어 울었대서 명성산(鳴聲山), 울음소리 산이다. 예전에는 신라 마의태자가 망
국을 한탄하니 산도 따라 울었다고 전한다.

궁예(? ~918년 弓裔)는 후고구려(→마진→태봉)를 세웠다. 신라왕 후궁의 아
들로 태어날 때 이(齒)가 있어 죽이도록 했는데, 유모가 떨어지는 궁예를 받다
그만 눈을 찔러 애꾸눈이 되었다. 경기 · 강원 · 황해도 일대를 차지하여 세력
을 떨쳤으나 말년에 스스로 미륵불이라 해서 폐단을 일삼다 부하 왕건에게 쫓
거나 죽었다.

능선길 따라 걷는데 바람은 오른쪽에서 불어와 자꾸 모자를 벗긴다. 잠시
헬기장 지나고 등산 안내판이 있는데 지도와 서로 달라 그냥 짐작하고 앞만 보

삼각봉　　　　　명성산 표석

고 간다. 8시 45분 표지판(삼각봉0.3 · 정상0.6킬로미터)이 또 있지만 의문스럽다. 말발도리 군락지인데 잎과 줄기를 보니 병꽃나무 사촌쯤 되겠다. 5분쯤 지나 포천 땅 삼각봉(906미터). 곧이어 갈림길(정상0.3 · 삼각봉0.1킬로미터, 오른쪽 동화 저수지)에 닿는다.

산안고개 갈림길에서 한달음에 명성상(923미터)정상, 땀에 흠뻑 젖은 일행을 동자꽃이 반겨준다. 아침 9시 땡볕이 내리쬐는 여기는 철원군 갈말읍 신철원리. 가끔 으스스한 날 산중에 통곡소리 들린다고 한다. 용화저수지3.1킬로미터, 삼부연폭포 방향 이정표를 보는데 사진을 부탁한다. 부산에서 왔다는 부부다. 서로 찍어주며 이들은 궁예능선으로, 우리는 왔던 길로 되돌아섰다. 산안마을로 내려가면 쉬울 텐데 예측할 수 없어 곧장 능선으로 간다.

철원은 넓고 상서로운 벌판을 뜻하는 서라벌, 새벌, 쇠벌, 쇠를 한자 음으로 철원(鐵原)이 됐을 것이다. 궁예가 도읍으로 삼은 곳이다. 901년 후고구려에서 국호를 마진, 연호를 무태 · 수덕만세, 911년 태봉으로 바꿨다. 송악 5년을 포함해서 18년 동안 다스렸다. 원래 북한 땅이었으나 한국전쟁 후 주변 지역을 합쳐 현재의 철원이 됐다.

10분쯤 지나 다시 삼각봉에 이르니 미역줄 · 팥배 · 소사나무, 분홍 며느리

명성산, 멀리 철원평야

밥풀꽃, 원추리 노란꽃이 땡볕에 늘어졌다. 9시 40분 바위 능선 걷는데 왼쪽으로 사격장 쾅음에 뙤약볕, 위험해서 그런지 사람들 그림자 하나 없다. 여름에 올 산은 아닌 것 같다. 포사격 사정거리 벗어난 듯한데 아침 먹던 곳으로 2시간 30분 만에 되돌아오니 10시쯤. 옷은 모두 땀에 절었고 주머니 수첩도 젖었다. 어느덧 해는 하늘 높이 올라갔다. 잠시 앉아 물 한 모금 마시니 이 산의 정체를 대충 알 것 같다. 책바위 구간을 따라가는데 빨간 우체통은 여전히 그 자리 섰고, 붉나무는 흰 꽃봉오리 달았다.

10시 15분, 이정표에 잡다한 표시가 왜 이렇게 많은지 헷갈려서 잘 못 알아보겠다. 산에는 간단명료해야 힘이 덜 들 텐데 복잡하기 그지없다. 산정호수 위락시설 떠드는 마이크소리 요란해도 긴 나무계단을 타고 산 밑으로 내려간다. 5분가량 내려가 책바위 갈림길(비선폭포1.5 · 자인사1.4 · 팔각정억새밭정상0.3 킬로미터)인데 잘못해서 경사 급하고 돌 · 자갈 많은 석력지(石礫地)로 내려섰다. 바윗돌이 무더기로 쓸려 내렸다. 지금 다시 올라간다면 죽을 맛. 명성산 오르는 제일 힘든 구간일 것이다. 그나마 고로쇠나무 숲과 산목련 · 누리장 · 좀

광대싸리 　　　　　　　돌무더기

작살·생강·딱총나무 그늘, 매미소리가 싫지 않은데 급경사지로 내려걸으니 무릎에 부담이 온다. 위험구간 조심조심 10시 반, 광대싸리 군락지에 섰다. 싸리와 아카시아 이파리 섞은 듯한데 굵고 키도 크다. 싸리는 콩과(科), 광대싸리는 대극과(科).

광대싸리는 산과 들에 자라는 떨잎 키 작은 나무지만 이곳은 10미터, 굵기 20센티미터쯤 되는 것도 있다. 타원형으로 어긋나는 잎, 흰 꽃은 잎겨드랑이에서 뭉쳐나고 꽃잎이 보이지 않는다. 옛날 소아마비에 두충나무와 섞어 썼다고 한다. 가지를 꺾어 마당 쓰는 빗자루를 만들기도 했다. 어린 싹을 나물로 먹지만 추운 북쪽에선 대나무 질이 나빠 화살대로 썼다. 세종 때 여진족으로부터 군사 요충지 서수라를 지키기 위해 광대싸리 화살을 만들어 서수라목(西水羅木)이라 불렀다.

참나무시들음병 방제 흔적을 쳐다보다 모기에게 물리고 개미떼 습격으로 급히 일어서 간다.

11시경 포천 영북면 산정리 자인사에 닿는다. 천도재를 지내는지 불경소리 되게 요란스럽지만 절집의 물은 정말 시원하다. 자인사(慈仁寺)는 1964년 지은 절. 왕건이 산신제를 지낸 터로 알려져 있다. 절 이름은 궁예의 미륵세계를 상

자인사

산정호수 놀이 배

징하는 자(慈), 왕건과 화해를 기원하는 인(仁)을 합친 것이라 한다. 뒷산의 떨어질 듯 한 바위는 볼만한데 군인들이 점심 먹고 가는지 줄서서 내려간다.

소나무길 10분 남짓 걸어 어느덧 산정호수 벤치. 남은 옥수수 · 감자 · 토마토 먹는다. 호수에는 오리 배 둥둥, 보트가 연신 물보라를 일으키며 시원스레 미끄러진다. 정오, 여관에 되돌아 왔다. 오늘 원점회귀 전체 산행 14킬로미터 6시간 반가량 걸었다. 방에 들어간 개구리 얘기를 못 해 주고 와서 오래도록 마음에 걸렸다.

탐방길

● 정상까지 7킬로미터, 3시간 20분 정도

산정호수 주차장 → (20분)책바위 갈림길 → (30분)등룡폭포 → (30분)약수터 → (20분)억새밭 능선 → (5분)책바위 갈림길 → (35분)능선 꼭대기 바위 → (50분)삼각봉 → (10분)정상

* 햇볕 뜨겁고 무더운 바위 산길, 두 사람 걸은 평균 시간(기상·인원수·현지여건 등에 따라 다름).

자유와 풍류의 상징 무등산

엉겅퀴·산딸나무·고광나무·선돌·서석대

충장공 김덕령·백당나무·광주학생운동·소쇄원

지리산 휴게소에서 쉬어간다. 새벽 5시에 나섰는데 6시 30분. "저 앞의 소
나무 사이 조형물은 고속도로 준공기념탑입니다. 이성계가 황산전투에서 달
을 끌어놓고 싸웠다 해서 인월(引月)이라 부르는 동네가 건너에 있습니다. 죽
은 왜적들의 피가 흐른 강에 피바위가 있어요."

아침 일찍 출발해서 도로는 한적하다. 광주로 들어가지 않고 고서 갈림길에
서 창평 나들목으로 광주호를 지나자 식영정, 취가정, 소쇄원이 반갑다. 새천
년 무렵 문인대회 참석을 위해 식영정에 오면서 천석고황(泉石膏肓)[1]이 됐다.
인공호가 생기기 전엔 정자 아래 배롱나무 여울인 자미탄(紫薇灘)이 흘렀다고
하는데, 그 많던 풍류와 애환은 수몰되고 이름만 남았다. 조선 중기 정자의 주
인 임억령과 김성원, 고경명, 정철을 식영정사선(息影亭四仙)이라 한다. 식영정
은 성산별곡의 고향이고 성산(星山)은 이곳 창평면 지곡리 산이다. 달리는 차
창의 오른쪽 논밭 너머 어렴풋이 취가정. 고종 때 김덕령의 후손이 지은 것으
로, 꿈에 장군이 나타나 억울함을 호소하며 취가(醉歌)를 부르자, 정철의 제자
가 화답시를 지어 원혼을 달랬다고 한다. 담양(潭陽), 노을은 물빛에 비치고 나

---

1) 자연을 사랑하는 마음이 고질병처럼 깊음(고황은 심장과 횡경막 사이).

뭇가지에 석양이 걸렸는데 어찌 시문(詩文)이 나오지 않으며, 풍류를 읊지 않을
수 있겠는가? 나는 담양이란 지명을 잘 지었다고 생각한다.

화순 쪽으로 들어서자 구불구불 시골길이 정겹다. 8시 10분 안양산자연휴
양림에 닿는다. 입장료를 내라 해서 국립공원에 무슨 입장료를 받느냐 했더니,
아직 국립공원으로 지정되지 않았다고 한다. 우리 팀은 안양산을 거쳐 백마능
선으로 정상까지 오르는데 4.3킬로미터 거리. 나머지 6명은 중지마을로 올라
장불재에서 합류하기로 했다. 휴양림 안쪽을 거쳐 뒷산으로 오르는 길은 그다
지 어렵지 않다. 20분쯤 걷자 누리장·산딸기·비목·자귀·산뽕나무, 칡, 터
리풀이 길옆에 서 있고 뻐꾸기 처량하게 운다. 경사가 급한 산길은 갈지(之)자
로 완만하게 돌려놓았는데 하얀 꽃을 피운 층층·고추·산가막살나무는 남쪽
이라 잎이 크다. 쥐똥나무는 겨우 꽃망울을 달았다. 9시경부터 야생 복분자를
만나는데 아직 6월이라 덜 익어서 산딸기보다 맛이 못하다.

때죽·병꽃·산뽕·쇠물푸레·물푸레·돌배·보리수·붉나무, 둥굴레·
엉겅퀴·밀나물·청미래덩굴·오이풀·고사리·광대싸리·삿갓나물·취나
물·꿀풀·기생여뀌들이 한껏 고운 빛깔을 내고 있다. 흰 꽃망울 맺은 미역줄
거리나무, 고사리도 친구들이다. 발아래 화순읍내 산마을이 평화롭기 그지없
고 산길마다 엉겅퀴 빨간 꽃에 눈이 자주 간다.

안개 낀 북유럽, 바이킹은 한밤중에 침입한다. 가시투성이 엉겅퀴에 찔린
적군의 소리를 듣고 병사들은 잠을 깨 일제히 반격에 나선다. 이때부터 엉겅퀴
는 나라를 구한 꽃이라 하여 스코틀랜드 나라꽃이 됐다. 싸워서 지켜낸 자유이
기에 마냥 곱고 아름다울 것이다. 거친 땅에서도 강인한 생명력을 가진 엉겅퀴
에서 스코틀랜드 사람들의 억센 기질을 보는 것 같다. 베인 상처에 피를 엉겨
붙게 한다고 엉겅퀴, 피를 잘 멎게 하니 하혈에 뿌리 즙으로 마시면 좋다. 어

야생 복분자

산길에서 만난 엉겅퀴

린잎은 데쳐서, 줄기는 우려내 먹는다. 해독 · 건위 · 강장, 식욕이 없을 때 술로, 뿌리를 덖거나 말려 차로 마시면 몸이 가벼워진다. 독립 · 엄격의 상징. 억센 풀을 꼽으라면 단연 민들레, 질경이, 엉겅퀴다.

　1시간 올라 화순군 영역을 표시한 안양산 정상(853미터, 입석대3.5 · 장불재 3.1 · 휴양림1.8킬로미터)이다. 무등산이 앞에 서 있다. 왼쪽부터 낙타봉, 입석대, 서석대, 인왕 · 지왕 · 천왕봉, 오른쪽이 규봉암이다. 안양산에서 장불재까지 3.1킬로미터 백마능선으로 김덕령이 백마를 타고 달렸다는 곳이다. 중지 쪽으로 올라오는 일행들에게 전화를 했더니 장불재까지 1.6킬로미터 남았다고 해서 바쁘게 서두른다. 능선길은 억새 잎이 백마의 갈기처럼 휘날리고 말 탄 기분으로 내달린다. 잠시 내리막길 평평한 산길에 산딸나무 홀로 서서 하얀 꽃을 피웠지만 쳐다봐 줄 사람 없다.

　산딸나무는 층층나무과로 쇠박달이다. 꽃잎처럼 보이는 흰색은 꽃잎이 아니라 총포(總苞)[2], 줄기 끝에 붙는 잎이다. 정작 꽃잎은 없고 열매가 딸기 같아 산딸나무인데 밋밋한 맛이다. 서양에선 그리스도가 십자가에 못 박힌 나무로 신성시한다. 대패질한 면이 깨끗해 가구재, 장식재, 나무껍질은 방부제, 해열

---

2) 밑둥, 싸고 있다는 뜻. 변형된 잎으로 포엽이라고 불림. 꽃을 보호하는데 모양과 위치도 여러 가지이다.
　국화과 엉겅퀴에 많다.

백마능선

제, 강장제로 써 왔다.

9시 35분 철쭉군락지 무동갈림길(들국화마을1.1·안양산0.8·장불재2.5킬로미터). 건너산 규봉암과 너덜지대가 훤하다. 진달래, 산딸기, 비목나무를 살피며 갑자기 짙은 향내를 따라가다 들국화마을 쪽으로 조금 더 내려간다. 여기저기 때죽나무 꽃이 떨어져 길을 하얗게 덮었고, 서른 살 더 되는 때죽나무는 넘어져서도 꽃잎을 피웠다.

"나무는 죽어서도 향기를 남기지만……."

독백처럼 중얼대는데 일행들은 보이지 않는다. 온 산천에 진동하는 때죽나무 향기를 맡으며 거대한 소나무 몇을 만나고, 두 번째 들국화마을 갈림길에서 신갈·물푸레·산초·사람주·팥배나무 곁으로 발길을 옮긴다. 우윳빛 저고리가 생각나는 꽃. 말발도리……. 아니 고광나무다. 말발도리는 5장 꽃잎과 5갈래 잎이 모여피고, 3갈래 잎맥과 4장 꽃잎은 고광나무이다. 뿌리는 치질에 달여 먹고 허리, 등이 결리는 데도 쓴다.

산딸나무

때죽나무

10시 낙타봉(장불재1.4 · 들국화마을1.8 · 안양산1.7킬로미터)이다. 입석대, 너덜
지대와 규봉암이 더 가까이 보이고 중계탑 있는 곳이 장불재다. 산딸나무 홀로
선 능선암 지나 5분 더 올라 장불재 갈림길(만연산3.1 · 너와목장1.2 · 장불재0.3 ·
안양산2.8 · 입석대0.7킬로미터). 10시 15분 장불재에는 빈 의자들뿐 바위에 걸터
앉아 일행을 기다린다. 입석대 올라가는 길가엔 분홍빛 찔레꽃이 폈다. "찔레
꽃 붉게 피는 남쪽나라 내 고향~" 찔레꽃은 희게 피므로 붉게 핀다는 것이 잘못
됐다는 오해를 풀고 오늘에서야 노랫말에 면죄부를 줘야겠다.

10시 40분 입석대 참빗살나무는 꽃망울을 빽빽하게 달았다. 선사시대의 유
적 같은 선돌을 지나 11시 서석대(0.5킬로미터)까지 돌계단 오르는데 노린재나
무 꽃도 잘 폈다.

선돌은 무엇인가? 우뚝 솟은 모습은 나약한 인간들에게 외경(畏敬)의 상징
이었으며, 오랜 세월 정령(精靈)과 신앙의 대상이었다. 금줄을 둘러 수호(守護)
와 기자(祈子)의 역할을 했고, 비석이나 장승의 원류로 보기도 한다. 돌의 제단
(祭壇)에서는 수많은 생명이 제물로 희생됐다. 인신공양이다. 사람의 심장이나
머리까지 잘라 제를 지내던[3] 풍습이 있었고, 유형은 다르지만 우리나라는 뱀

3) 아즈텍(Aztec)은 태양신이 밤과 싸워 이기도록 인간의 심장을 제단에 바쳤는데 안녕과 수렵, 풍년을 가
져다준다고 믿었다. 중국 소수민족에서는 머리를 잘라 바치는 엽두제(獵頭祭)가 있었다.

낙타봉

과 처녀, 식인괴물의 설화, 심청전 등에서 나타난다.

순결과 용맹도 신의 영역이었던지 인간의 우월함은 모두 선돌에서 희생되고 만다. 공교롭게 더버빌 테스는 잉글랜드의 선돌 스톤헨지에서 끌려가 죽었고, 김덕령은 입석대에서 무술을 닦았던 것이 고난의 시작이었으리라. 자연은 신비스럽고 아름답지만 이곳에 살아가는 나약한 이름들을 마주한다. 억새풀, 찔레꽃, 나리, 여뀌⋯⋯.

"신의 영역을 어지럽히지 마."

여기저기 버려진 쓰레기들이 거슬렸다.

"저 꼭대기 무등산 안내원 서석대 씨가 여러분들 환영해 줄 겁니다."

"⋯⋯."

"달성 서씨라 대구에서 왔다고 하면 반가워할걸."

서석대(1,100미터) 표지석의 필치는 기개가 넘치고, 산의 형상은 사방을 제압하듯 시원스럽다. 무등산(1,187미터)은 곧으면서도 풍류가 넘치는 빛고을의 진산이자 남도문화의 본향이었다. 서석대, 입석대 주상절리는 대략 7천만 년

입석대

서석대

전 형성된 것으로 천연기념물이다. 주상절리는 용암이 식어 수축될 때 생긴 기둥 모양으로 보통 정상 부근에는 입석(立石)형태의 토르(tor), 풍화에 의해 떨어져 나간 하류에는 너덜지대 애추(talus)가 발달되어 있다. 이곳의 암괴류는 비슬산, 만어산보다 오래됐고, 경주 · 제주의 해안에 발달하는 주상절리와 달리 높은 곳에 특이하게 생겼다. 임진왜란 때 의병장 고경명은 신공귀장(神工鬼匠)[4]의 조화라 했다.

구름은 해를 가렸다 열었다 한다. 흙산(肉山)인 산세는 순하고 둥그스름하다. 건너편 용마능선이 갈기를 휘날리며 달려오듯 안개구름이 한바탕 흘러가고, 왼쪽으로 고개를 돌려 광주호를 바라보니 담양 추월산이 흐릿하다. 정상의 3개 바위봉은 군사시설이 턱 버티고 있어 안타깝게 못 간다. 2012년 12월 국립공원으로 지정됐다.

"모두 이쪽으로 오세요. 중머리재 쪽이 광주 시가지, 오른쪽은 광주호인데 소쇄 양산보, 면앙정 송순, 고봉 기대승, 제봉 고경명, 송강 정철 등의 풍류가 깃든 곳입니다."

몇 사람은 벌써 저만치 입석대 쪽으로 내려간다. 인걸은 지령이라 했거늘

---

4) 귀신의 공교로움으로 만듦. 유서석록(遊瑞石錄).

탁 토인 산세

무등의 바위는 김 장군의 얼굴처럼 햇살에 찡그린 듯하다.

무등산 자락 외딴 초가집에 가난한 부부가 있었다. 중국 사람이 찾아와 돈 많이 줄 테니 재워달라고 했다. 몰래 미행을 하는데 땅속에 알을 넣자 닭 울음소리가 들리는 것이다. 몇 달 뒤 다시 온다며 자기 나라로 돌아가자 명당을 눈치채곤 아버지 묘를 옮겼다. 나중에 중국 사람은 화를 버럭 내며 임금이 날 자리지만 조선 사람이 묻히면 역적이 난다고 했다. 뒤에 아들을 낳았는데 김덕령(金德齡)이다. 본관이 광산으로 무등산에서 칼을 만들었는데 우렛소리와 서기가 뻗쳤다 한다. 임진왜란 때 권율 휘하에서 곽재우와 왜군을 무찔렀다. 어느 날 궤짝을 보냈는데 왜장이 열어보니 벌떼가 나와 막 쏘아댔다. 그래도 항복하지 않자 이번에는 궤짝 두 개를 보냈다. 왜놈들은 또 벌인 줄 알고 불태우다 화약이 폭발해 모두 죽었다 한다. 김덕령은 충청도에서 반란한 이몽학과 내통했다는 무고로 스물아홉에 옥사하고 만다. 부인 이씨는 왜적에게 쫓기다 몸을 더럽히지 않으려 추월산 깎아지른 절벽에서 순절했다. 저 건너 아스라이 보이는 추월산에 비석이 있다. 그 장군에 그 부인이다. 워낙 용맹하여 시기와 질투로

애석하게 죽어서 충장공(忠壯公)이 됐다.

11시 20분 정상에서 내려가는 길가에 접시처럼 둥글게 하얀 꽃이 피었다.
"불두화?"
"백당나무."
"……."
"공처럼 생긴 꽃은 불두화. 잎이 세 갈래인 삼지창에 수국꽃을 닮고 절집에
많이 심어서 백당나무라고 해요."
바깥쪽은 헛꽃이며 푸르거나 붉은 보라색의 산수국과 구분되고 접시꽃나
무라 한다. 꽃이 희어 불당에 심는대서 백당나무라 부른다.

10분쯤 내려서면 장불재 갈림길이다. 우리는 중머리재 방향으로 이동하면
서 11시 40분경 용추삼거리(중머리재0.9 · 장불재0.6 · 중봉0.7킬로미터) 근처에서
잠시 요기를 한다. 바위틈 사이로 하얗게 핀 산목련 꽃을 뒤로하고 12시 20분
에 출발이다. 25분 걸어서 중머리재(새인봉1.7 · 토끼등1.7 · 장불재1.5킬로미터)
에 도착하니 화장실 앞으로 탐방객들은 줄을 섰다. 흐린 날씨여서 그나마 뜨

산에서 만난 노부부

겁지 않아서 다행이다. 한편에선
일흔도 더 돼 보이는 노부부가 쉬
고 있다. 등산 복장도 똑같고 배
낭도 특별히 맞춘 것인지 공룡 뿔
장난감처럼 귀엽다. 늙어서도 저
렇게 살 수 있다니 얼마나 행복할
까? 오래도록 건강하시라고 인사
한다.

진행 방향인 줄 알고 새인봉으로 갔다가 다시 내려오면서 목장을 찾아 오

무등산에서 바라본 산들

른쪽 좁은 길로 간다. 1시 5분 갈림길(만연산3.5 · 중머리재0.4킬로미터)에서 혹시 길을 잘못 들까 싶어 잠시 지도를 확인하고 목장 쪽으로 내려선다. 발아래 노란 피나물 꽃이 선연한데 땀에 젖은 손수건을 떨어뜨렸다. 1시 10분 계곡의 바위 사이로 물이 졸졸 흘러 층층나무는 살기에 그만이고 산가막살 나무와 복분자도 용추계곡 상류의 주인이다.

무등산은 광주, 화순, 담양에 걸쳐 있고, 증심사(證心寺)를 기점으로 용추계곡 등산로, 원효사(元曉寺)로 올라 원효계곡으로, 화순쪽의 안양산에서 오르는 백마능선 등이 있는데, 우리는 주로 원효사 구간을 이용했다. 원효사에서 출발, 제철유적지, 치마바위, 중봉, 서석대, 입석대, 장불재, 규봉암, 신선대 억새평전, 꼬막재로 해서 원효계곡으로 5~6시간 걸려 내려오곤 했다. 입구 쪽에 충장사(忠莊祠)가 있다. 한때 안개 낀 바위에서 가슴 펴고 부르짖은 적 있었다. 얼마나 후련하고 가슴 뻥 뚫리는지 이산은 목 놓아 외치기 좋은 곳이다.

급수가 없거나 등급을 매길 수 없다 해서 무등산, 무진악, 무악(武岳), 서석산, 입석산이라 하고 입석대에서 제사를 올리던 무당이 무등으로, 무덤처럼 생겼대서 무등산이 됐다. 부처의 덕은 등급이 없으므로 무등(無等)이라는 것, 등급이 없으니 자유의 상징 아닌가? 그만큼 무등산은 민중의 혼이 서려있는 곳이다. 의병장 고경명, 김덕령과 광주학생운동이 그랬고, 5·18광주민중항쟁이 또한 그러했다.

1929년 10월 30일 광주에서 나주로 가는 통학기차에서 일본인 학생이 광주 여고생을 희롱하자 패싸움으로 번진다. 경찰은 일본 학생을 편들고 조선인 학생들을 때리자 이에 11월 3일 가두시위를 벌여 전국적인 동맹휴교로 일본제국주의 타도, 민족해방 독립운동으로 확산된 것이 광주학생운동이다. 전국 학생 60퍼센트가 시위에 참여했다. 정부는 11월 3일을 학생의 날로, 2006년부터 학생독립운동기념일으로 바꿨다.

중머리재를 내려서서 목장, 만연산 방향 표지판을 보고 걷는다. 숲은 하늘을 가려 땀은 비 오듯 해도 시원하다. 10분쯤 내려서자 바위에 물이 흘러내리는데 용추계곡 상류부근으로 짐작된다. 일행은 목장까지 0.5킬로미터인데 이미 지나쳐 왔으니 되돌아가자고 한다.

"좀 더 가야해. 중머리재에서 고작 15분 내려왔어요. 10분 더 진행해야 돼요. 저기 나무 사이로 보이는 곳이 목적지 근처입니다. 곧장 갑시다."

명령하듯 재촉한다.

1시 30분 만연산 말안장 부분에 닿으니, 저마다 안도하는 표정이다.

5분 더 내려가 큰길 나오는 목장이다. 아래쪽이라 해서 15분 더 내려갔지만 중머리다리에 닿는다.

"아니 처음에 차를 댄 곳이 어느 쪽입니까?"

"⋯⋯."

다시 내려왔던 길로 1.3킬로미터 올라가면서 소리 몇 번. 넓은 고원이 강원

소쇄원

도 산골처럼 메아리도 길게 울린다. 좌절하거나 실패한 사람들은 이 산에 올라 외쳐보면 가슴이 후련해지고 활력이 넘친다. 누구든 차별하지 않고 넉넉히 받아준다. 그래서 무등인 것이다. 목장길 걸으면서 덥고 피곤한 기색인데 중지마을 등산로 표지석은 오후 2시경에 볼 수 있었다. 드디어 만연재 근처 목장(만연산1.7·장불재1.7·중머리재2.2킬로미터)이다. 원점으로 돌아오는데 애를 먹었지만 앉아서 쉬기 좋다. 수만리탐방지원센터에 들러 땀에 젖은 옷을 갈아입고 물 한 잔 마신다.

벌써 오후 3시 되어 아쉽지만 소쇄원은 그대로 지나친다. 양산보는 스승 정암 조광조가 기묘사화로 화순 능주에서 사약을 받자 고향에 은둔, 소쇄원을 짓는다. 주거 기능을 갖춘 별서[5]로 대숲의 바람, 새소리, 빛과 그늘, 달, 술, 시, 노래 등 문학적 요소들이 가득한 곳이었으니 송순, 정철, 송시열, 기대승 등이 드나들었다. 소쇄원은 소강이라는 뜻도 있지만, 물이 맑고 깊은 소(瀟), 사슴이 이슬 맞아 씻은 듯 깨끗한 쇄(灑), 원림(園)이 아니던가? 나는 이곳에 올 때마다,

---

5) 한적한 곳에 지은 집. 농사를 짓는 데서 별장과 다르다(別墅).

자연을 들인 우리의 전통과 사람의 공교로움을 섞은 것으로 이해한다. 경상도 정자는 계곡과 문중에, 호남지역은 대체로 원림에 많이 지었다. 인위적으로 연출한 것이 정원라면 원림은 야트막한 산과 숲을 그대로 배치한 형태였다. 올 때는 고속도로에 차가 밀려 지리산 휴게소에서 담양 남면 죽순 음료로 목을 축인다.

● **정상까지 4.3킬로미터, 2시간 50분**

안양산 자연휴양림 → (1시간)안양산 → (25분)무동 갈림길 → (25분)낙타봉 → (15분)장불
재 갈림길 → (25분)입석대 → (20분)서석대 → (30분)장불재 → (1시간 15분*휴식 40분 포함)
중머리재 → (1시간 15분)중지마을 목장 → (5분)수만리 탐방지원센터

*8명 정도 휴식과 느리게 걸은 평균 시간(기상·인원수·현지여건 등에 따라 다름).

서산낙조의 명승지 변산

모감주나무 · 꽝꽝나무 · 이화우 · 부안삼절 · 월명암 · 꾸지뽕나무
나도밤나무 · 내소사 · 변산팔경 · 변산 유래 · 참나무의 은인 다람쥐

9월 하늘은 맑고 높다. 대전에서 7시 30분 출발. 자동차에 월명암을 입력하고 왔는데 종착지는 터널로 안내한다. 터널을 나갔다 차를 돌려 내변산 공원안 내소에 도착하니 9시다. 광장 식수대에서 물을 채우고 세봉, 관음봉 쪽으로 오르려다 월명암에 먼저 들르기로 했다. 조금 걸어 까마귀베개나무를 지나고 멸종위기식물원에 실거리 · 미선 · 모감주 · 이나무를 심어 놓았다. 바로 길 너머 실상사 목탁소리가 맑다. 묘각에서 유래된 모감주나무가 절 집과 잘 맞는다. 여름철 빗물에 떨어지는 꽃이 마치 황금색 비와 같다고 해서 골든 레인 트리(golden rain tree), 근심을 없애는 무환자(無患子)나무 식구다. 열매로 염주를 만든다고 염주나무, 가장 높은 경지에 도달한 보살(bodhisattva 菩提薩陀, 구도 · 수행자)을 묘각(妙覺), 염주를 이르는 주(珠)를 붙여 묘각주에서 모감주, 무환자가 모감주로 굳어졌을 것이다.

누리장나무 열매는 붉고 실상사 입구의 빨간 꽃무릇과 대금소리가 애절함을 더한다. 꽝꽝나무가 있는 봉래교를 지나니 마치 대포처럼 꽝꽝 터지는 소리가 나는 듯하다. 얼마나 난리에 시달렸으면 불에 타는 나무소리를 대포소리로 알고 줄행랑 쳤을까? 나무 모양이 회양목과 비슷한데 제주, 거제, 보길도 등에

빨간 열매를 매단 누리장나무

꽝꽝나무

자라고 부안 중계리 군락지는 생육한계지역으로 알려져 천연기념물이다. 어긋나는 잎은 반질반질 열매는 검고 3미터쯤 낮게 커 정원수로 심는 상록수다.

생강 · 때죽 · 미선 · 이팝 · 층층 · 산딸나무들과 어울리며 자연보호헌장 탑에서 잠시 머문다. 9시 45분 갈림길, 월명암은 오른쪽이다. 밤 · 쇠물푸레 · 굴피 · 팥배 · 상수리 · 소나무, 조릿대 · 진달래 · 청미래덩굴 · 며느리밥풀 · 닭의장풀이 바위산길 따라 자란다. 10시경 전망 좋은 소나무 바위(월명암1.2 · 자연보호헌장비0.8 · 직소폭포1.7킬로미터)에 앉아 잠시 땀을 닦는다.

파란 하늘에 뭉게구름 하얗고 하늘이 주인인지 구름이 주인인지 풍경 한 번되게 좋구나. 한 잔 없어 아쉽지만 사과 한입 베어 물고 병풍처럼 둘러선 변산의 봉우리들을 바라본다.

"이화우 흩날릴 제 울며 잡고 이별한 님
추풍낙엽에 저도 날 생각는가
천리에 외로운 꿈만 오락가락 하노매."

월명암 오르는 바위길

　매창이 유희경(劉希慶)을 위해 지었다는 "이화우(梨花雨)"다. 의병을 이끌고
임진왜란 때 공을 세워 서울로 가 소식 없자 시를 짓고 수절했다. 매창은 선조
때 부안의 이름난 기생으로 자는 천향(天香). 호는 매창(梅窓). 계유년에 태어나
계생(癸生)·계랑(癸娘)이라 불렸고 유희경·허균과 문우였다. 개성 황진이와
명기쌍벽, 허난설헌을 더해 조선3대 여류시인이었으며 부안읍에 매창공원이
있다. 황진이, 서경덕, 박연폭포를 송도삼절이라 하듯 이매창, 유희경, 직소폭
포를 부안삼절(扶安三絶)이라 부른다. 매창의 맑은 노래는 구름도 멈추게 하였
다니 소나무 아래서 바라보는 저 산의 구름도 멈춰서 하늘이 곱다. 화필 배꽃
피는 봄날에 헤어졌는가? 이별의 아픔을 더하면 상사병도 거룩해 진다더니 명
원(名媛)[1]은 서른여덟에 죽는다. 시와 거문고에 뛰어나 무덤에 거문고를 같이
묻어주었다. 열여덟에 유부남 시인 유희경을 만났다. 그는 요즘으로 치면 문학
동인 "풍월향도"를 만들었는데 나도 "수레자국"을 만들었으니 문우가 될까? 기
타라도 같이 묻어주면 좋겠다.

---

1) 이름난 미인.

월명암

월명암 전나무와 삽살개

　바위길 나무 난간대를 지나 드문드문 노간주나무, 오르는 길에 반가운 예덕나무, 굴참나무 이파리 뒷면은 더욱 희다. 어느덧 월명암 뒷산에 서니 곰소, 관음봉, 직소폭포가 멀고 작살·여자·소사·팥배·당단풍·서어·소태나무들이 눈앞에 있다. 소태나무 줄기는 새까만데 이파리는 모감주·굴피나무를 섞은 것처럼 보인다. 월명암으로 가는 길은 대팻집·쪽동백·나도밤·노린재·까치박달나무들이 호젓함을 달래준다. 목탁소리 점점 가까워 오니 10시 40분 월명암에 닿는다. 오래된 전나무 아래 삽살개 누워 눈만 껌벅거리며 대체 반겨주질 않는데, 절집마당의 구절초와 빨갛게 핀 꽃무릇에 셔터를 누른다. 앞으로 탁 트인 곳엔 중국 어느 산처럼 높이를 자랑하듯 저마다 우뚝우뚝 솟았다. 법당엔 염불소리 낭랑하고 백일홍으로 부르는 배롱나무 더욱 붉으니 내 마음도 어찌 붉지 않으랴?

오호라, 여기가 바람을 감춰 산으로 둘러싸인 장풍국(藏風局) 명당 아니던가? 월명낙조라 해야겠지. 월명암(月明庵)에서 하룻밤 지내겠다는 생각이 꿀떡 같다. 이곳에서 둥실 떠오르는 달을 볼 수 있다면 얼마나 좋을까? 신라 부설거사는 어느 마을에서 하룻밤 묵게 된다. 그 집에 묘화라는 딸이 절세미인 벙어리였다. 이날 밤 부설을 본 딸이 갑자기 말문을 열더니 죽기 살기로 매달렸다. 부설은 묘화와 남매를 낳고 도를 닦는다. 세월은 흘러 신문왕 때 부설거사는 월명암 근처에 부설암을 지었다. 부인을 위해서는 묘적암을, 아들 등운에겐 등운암을, 딸 월명을 위해서는 월명암을 지어주니 일대에 불교가 번창하였다. 어느덧 어미를 닮아 재색을 겸비한 월명에게 처사가 치근대니 오라비 등운이 들어주라 했다. 이런 일이 되풀이 되자 아궁이에 밀쳐넣어 죽인다. 염라대왕이 남매를 잡아들이게 하나 이미 득도해서 잡아가지 못했다 한다.

동해 일출은 낙산사 홍련암이고 서해 낙조는 월명암 아니던가? 계단 쪽으로 낙조대, 남여치 가는 정겨운 길을 두고 11시경 다시 걷는다.

"달빛 젖은 삼학도 옛 전설의 한이 서려, 파도 소리만 철썩철썩 바람만 한들 부네, 어이야디야 랏차 어야디야~"

외변산의 밤 바닷가에 앉아 노래를 부르던 지난 5월은 잊을 수 없다. 어둠, 술, 등대, 파도, 섬, 친구……. 밤을 이루는 모든 것들이 노랫소리에 숨죽이고 있었으니 이보다 더한 낭만이 어디 있던가? 변산 바윗돌 사이 예덕나무도 바닷바람에 잘 어울렸다.

관음봉

관음봉 아래 내소사

직소폭포

꾸지뽕나무

그 무렵 정부청사에서 고속도로 2시간 반을 달려 고창 청보리밭의 봄 경치를 담던 시절……. 등대지기, 모나코를 틀어주던 남도찻집의 추억. 해질녘 격포에서 곰이 물 마시듯 큰 잔으로 들이키던 조개안주가 일품이었던, 그리하여 곰소는 내게 고유명사가 아닌 형용사로 남았다. 바다와 합류되는 물 먹는 지형으로 곰의 소(늪沼) 아니던가? 언제나 물이 마르지 않으니 온갖 물산(物産)이 기름진 곳이다. 오래된 조개탕에 아침식사를 그르쳤던 기억 빼고는 좋았다.

30분 더 내려와 다시 자연보호탑(내소사4.5·월명암2·내변산주차장1.4·직소폭포0.9킬로미터)이다. 땀을 닦으며 직소폭포 쪽으로 걷는데 저수지 물이 많이 줄었다. 고추나무 잎을 닮고 대추나무 껍질과 비슷한 윤노리나무를 한참 살피면서 어느덧 재백이 다리까지 왔다. 합다리나무 하얀 수피와 붉은 회나무 열매가 대조적이다.

줄포만

　　12시 30분경 바위에 앉아 어젯밤 대전 퓨전레스토랑에서 남겨온 피자 몇 조각과 빵, 사과 두 개로 배고픔을 채운다. 저마다 산봉우리들은 높이를 뽐내는데 난형난제(難兄難弟)다. 산세도 물길도 구불구불 휘감아 돌아 그야말로 산태극수태극(山太極水太極). 오후 1시경 관음봉삼거리(직소폭포2.3·내소사1.3·관음봉0.6·새봉1.3킬로미터) 지나 10분 올라 해발 424미터 관음봉이다. 지난봄에 없었던 표지석을 새로 세워 단장을 잘 해놓았다.

　　줄포만 일대 갯벌이 아지랑이처럼 가물거리고 크고 작은 섬들이 점으로 박혀 있다. 오른쪽으로 새만금 방조제, 더 위로는 고군산열도(古群山列島). 발아래 내소사가 가까워졌다(내소사1.9·원암2.6·직소폭포2.9·세봉0.9킬로미터). 햇볕은 쨍쨍 내리쬐고 가뭄이 심했던지 붉나무 이파리 축축 늘어져 곧 시들 것 같다.
　　"비는 안 오고. 나무들이 죽을 맛이네."

　　20분 오르락내리락 발아래 내소사를 두고 지난 일을 생각한다. 그땐 내소사 일주문에서 전나무, 나도밤나무 길을 걸어 이곳으로 올라왔다. 동그란 열매가 달린 바위에 자라는 식물을 묻는다. 먼저 가던 양박사다.

"글쎄, 많이 본 것인데……."

수목도감을 들춰보는 열정으로 봐서 그는 역시 박사감이다.

"그래, 꾸지뽕나무 만병통치약이다."

양지바른 산기슭이나 마을 주변에 자라는데 가지에 가시가 붙어있다. 5-6월에 꽃 피고 암수딴그루다. 열매는 검정색 공 모양으로 익어 먹을 수 있으며 약으로, 잎은 누에게 먹인다. 잼을 만들거나 술을 담고, 나무껍질과 뿌리는 약이나 종이 원료로 쓴다.

내소사 들어가는 숲길에 나도밤나무가 아름답다. 율곡(栗谷) 선생이 어렸을 때 나이 스물이 되면 호랑이한테 잡혀 먹힐 수 있으니 꼭 밤나무 일천 그루를 심으라고 도사가 일러줬다. 세월이 흘러 다시 찾아와 나무를 세어보니 한 그루가 부족했다. 속였다고 버럭 화를 내며 율곡을 데려가려 하자 옆에서 "나도 밤나무요" 하고 외치는 순간 도사는 호랑이로 변해 죽고 마지막 한 나무는 나도밤나무가 되었다. 밤나무, 너도밤나무는 참나무와 한 집안이지만 나도밤나무는 밤나무와 다른데 열매도 산벚이나 팥배나무를 닮은 나도밤나무과이다. 잎도 비파나무와 밤나무를 합쳐 놓은 듯하다.

내소사는 백제 무왕 때 소래사(蘇來寺)로 세웠으나, 백제를 치러 당나라 장수 소정방(蘇定方)이 왔다고 해서 내소사(來蘇寺)라는 것이다. 일주문에서 천왕문까지 전나무 숲길이 좋다. 관음봉(觀音峰)을 능가산이라고 하는데 능가는 능가경, 대승(大乘)경전으로 석가가 능가산(楞伽山)에서 설법한 가르침을 모은 것으로 달마대사의 선(禪)으로 전승되기도 했다. 당간지주가 너무커서 절집과 잘 어우러지지 않은 것이 흠이지만 내소사 건축의 빼어남은 대웅전 꽃무늬 문살을 최고로 친다. 연꽃, 국화로 수놓은 나뭇결 문살은 오히려 고색창연함을 보여준다. 결마다 아로새긴 무늬 살을 보면 희미한 달그림자도 잠재울 만하다.

혼히 줄포·곰소 앞바다, 웅연강 낚시꾼들과 어우러진 어화(漁火)를 웅연조대(熊淵釣臺), 옥녀담 계곡의 직소폭포(直沼瀑布), 내소사의 저문 종소리(蘇寺暮鐘), 월명암에서 보는 안개 낀 바다(月明霧靄), 채석강에 뜬 돛단배(彩石帆柱), 지서리의 지지포·쌍선봉의 경치(止浦神景), 개암사 일대의 자취(開岩古跡), 월명암과 낙조대에서 바라보는 해질녘(西海落照)이 장관인데 여덟 가지를 변산팔경이라 한다. 시선 이태백이 취중에 물에 뜬 달을 잡으려다 빠져 죽었다는 중국의 채석강과 닮아서, 퇴적암 낭떠러지로 바닷바람에 깎이고 겹겹이 쌓인(海蝕斷崖) 채석강이다.

변산은 울타리처럼 바깥쪽에 산을 만들고 안쪽은 비어있어서 해안과 외곽을 외변산, 암자가 많은 안쪽을 내변산으로 부른다. 의상봉(508미터)을 필두로 400미터 정도의 세봉, 관음봉, 신선봉, 쌍성봉 등이 성곽처럼 둘러쳐 있다. 외변산에는 채석강(彩石江), 변산·고사포·격포해수욕장이 있고 1988년 일대가 국립공원이 됐다. 삼한시대 변한(卞韓)은 변산에서 유래하는데 삼국유사[2]에 백제 땅에 변산이 있었기 때문에 변한으로 일컬어졌다(百濟地自有卞山 故云卞韓)고 전해 온다. 변(卞)자는 맨손으로 치다는 의미로 호남평야를 사이에 두고 호남정맥(湖南正脈)이 맨손으로 툭 쳐 던졌대서 변산, 홀로 독립된 산 무리를 만들었다.

이 일대는 원래 소나무가 많았는데 원나라에 침략 당한 고려 때의 남벌(濫伐)로 서남해안 솔숲이 많이 사라졌다. 13세기 원나라는 일본을 치러 가기 위해 배를 만들라며 귀화한 홍복원의 아들 홍다구를 고려로 보낸다. 변산과 장흥 천관산 일대에서 밤낮없이 백성들을 다그쳐 겨우 만들어진 배는 일본에 닿기 전 태풍을 만나 모두 부서지고 말았으니 허투루 준비한 정벌은 어차피 불가능한 일이었다.

오후 1시 40분 세봉(402미터, 관음봉삼거리1.3·세봉삼거리0.4·가마소삼거리 2.3·내소사일주문2.4킬로미터) 근처에는 굴참나무 이파리가 넓어서 한참 쳐다보는데 풀쐐기가 앉아 있다. 흔히 불나방의 어린벌레를 풀쐐기라고 하는데 쐐기나방 유충이다. 여름철 반소매로 다니다간 이놈들한테 쏘이게 되므로 조심해야 한다.

땀에 젖었다 마르기를 몇 번. 높고 낮은 봉우리들 계속 이어지고 골도 깊다.
"세봉 삼거리가 왜 이리 멀고 높아?"
"세봉보다 더 높다."
세봉에서 15분 정도 걸어서 해발 380미터 세봉삼거리에 닿고 우리는 가마소를 향해 다시 걷는다. 이 길은 멀리서 보면 쉬운 듯하지만 마치 공룡능선을

---

2) 삼국사기 62쪽, 변한·백제(1975년 을유문화사).

변산 봉우리들

타는 것처럼 어려운 구간이다. 멀리 새만금방조제가 가까워졌다. 같이 걷는 일행은 이제 힘이 부치는지 "한 번 더 오려했더니 다신 안 온다"고 한다.

2시 15분경 부안임씨 묘(세봉삼거리1.1 · 내변산주차장1.5킬로미터) 아래 너럭바위에 서니 내변산 최고의 조망지점이다. 눈 아래 인장암, 내변산 주차장, 오른쪽으로 천문대가 있는 의상봉 앞에 부안댐, 고개너머 새만금이다. 2시 25분 갈림길(가마소 삼거리1 · 내변산주차장1.1 · 세봉삼거리1.5킬로미터) 5분가량 지나 사방으로 병풍산인데 내변산의 묘터, 절은 대개 동북향이다.

"히야~."

바위산 절경에 감탄하고 있으니 옆에서는 도토리 줍는다고 정신없다. 상수리나무와 굴참나무 도토리가 얼마나 큰지 알밤만 하다. 산에 왜 참나무들이 많을까?

자연 속에서 오래도록 안정되어 더 이상 변하지 않는 생물군집을 극상(極相

climax)이라 하고 햇빛이 강한 곳에 사는 소나무로부터 차츰 햇볕이 약해도 잘 자라는 음수림인 참나무들이 결국 이기게 된다. 이러한 생태계의 천이과정도 있겠지만 참나무 숲의 최대 공로자는 아마 다람쥐일 것이다. 다람쥐는 입안의 뺨주머니에 도토리 수십 개씩 넣어 다니다 겨울 양식으로 땅속에 저장하는데, 숨겨 놓은 것을 잘 잊어버린다. 다람쥐가 숨겨둔 도토리는 나중에 싹을 틔워 온산에 참나무 숲이 만들어지는 것이다.

2시 40분 인장암(印章巖). 높이 10미터, 밑변 20미터 가량되는 도장을 세워 놓은 것 같은 큰 바위를 10분 내려서니 내변산 주차장이다. 목이 말라 수돗물을 마신다.

멀리 인장암

지난해 5월 내소사에서 바위길을 힘겹게 오르는데 윤노리 · 갈참 · 졸참 · 사람주 · 노린재 · 덜꿩 · 때죽 · 비목 · 좀팽 · 개서 · 소사 · 산딸 · 병꽃 · 산앵도 · 굴피나무들을 두고 바위꼭대기에서 멀리 곰소를 바라보았다.

"때죽이 무슨 뜻이죠?"

숨을 가쁘게 몰아쉬던 일행이다.

"떼거지로 죽는다고……. 나뭇가지를 찧어서 개울에 풀어놓으면 물고기가 마취돼요."

한바탕 땀을 흘리고 내려가는 길, 급경사 지대다. 맨 앞에 서서 가는데 돌이 굴러 내려온다.

"아버지 돌 굴러 가유~"

"……."

"그쪽이 아닌데유~"

내소사 입구 당산목

"……"

이번엔 3탄이라며

"두 갠데유~"

천연덕스럽게 말하는 김 사무관 때문에 배를 잡았다. 고향이 당진인데 충청
도 양반처럼 순박하고 마음씨도 곱다. 전나무 숲길 걸으며 일주문 입구에 물색
을 두른 천 살 느티나무 할아버지께 예를 표한다. 주차장에 비파나무인 줄 알
았더니 다시 보니 커다란 일본목련. 내소사 입구에서 마시던 울금막걸리에 취
한 까닭일까?

새만금 포플러 내염시험장에 들어갔다 나오니 내비게이션은 연달아 줄포
나들목으로만 안내한다. "도로공사와 협약을 맺었나." 만경평야와 김제가 새
로 생겼다고 새만금인데, 국민 1인당 3평에 해당하는 땅이라는 설명을 곁들인
다. 나른한 오후, 달리는 차안에 모두 피곤한 기색이 역력한데, 옆에 앉은 일행
은 연신 고개를 끄덕인다.

"조수가 졸면 직무유기."

"동승자도 관리 소홀로 처벌 받아."

"……."

"그렇다고 기사가 과속하면 직권남용."

한바탕 분위기를 새로 바꾸면서 호남고속도로를 달린다.

탐방길

● 전체 9.8킬로미터, 7시간 정도

내변산 공원주차장 → (45분)갈림길 → (55분)월명암 → (40분)자연보호탑 → (1시간 30분)
관음봉 삼거리 → (10분)관음봉 → (30분)세봉 → (15분)세봉 삼거리 → (20분)묘지 → (1시
간 10분)갈림길 → (30분)인장암 → (10분)내변산 공원주차장

* 2~6명이 걸은 평균 시간(기상·인원수·현지여건 등에 따라 시간이 다름).

날아가지 않은 봉황, 비봉산

버들개지 · 산줄기 구분 · 봉황을 잡아둔 땅 이름

오동나무 · 금오탁시 · 영남유학 · 사육신

단계 하위지 선생 유허비[1]를 보면서 골목길 지난다. 비가 내려선지 안개 가득하고 2월 하순, 농사 준비하느라 거름냄새 나는데 싫지 않다. 오늘은 9시 10분 구미시 선산보건소 도착해서 천주교회, 절집을 지나 9시 30분경 앙증스런 새순에 물방울 달고 있는 버들개지를 만난다.

버들개지는 버들강아지와 복수 표준어인데 사실은 버드나무 꽃봉오리다. 인(燐)성분이 많아 비 오는 날 밤 귀신같은 불이 보인대서 귀류(鬼柳), 뿌리에서 아스피린을 얻는다. 두통, 옻, 황달에 꽃을 달여 먹기도 하는데 기운을 뺏길 수 있으니 많이 먹지 말아야 한다. 그래선지 집안에 심는 것을 꺼렸다. 암수 딴 그루로 낭창낭창 잘 휘어서 노류장화(路柳墻花), 담 위의 장미나 길가의 버들가지처럼 쉽게 꺾여 기녀를 가리키는 대명사로 불린다. 봄날 사랑하는 임과 헤어질 때 버들가지를 꺾어주었는데 정절을 지킨다는 것과 여자의 젊음은 오래가지 않으니 빨리 돌아오라는 두 가지 의미가 있다.

나뭇가지마다 물방울이 달려있다. 멀리 비둘기, 닭 우는 소리 들으며 낙엽

---

1) 나라에 몸 바친 이를 기리기 위해 자취 남은 곳에 세운 비(遺墟碑).

하위지 유허비

소나무길

버들개지

쌓인 안개 산 걸어간다. 20여 분 올라서 능선 길 합류지점 지나고 산길마다 소나무 바늘잎 수북 쌓여있다. 눈바람 불어서 춥다. 어느덧 온몸에 땀이 흐르고 날씨는 해, 눈, 비를 반복하는데 10시 30분경 두꺼비 같이 생긴 바위도 눈바람이 스쳤다. 두껍바위라고 부르면서 돌탑까지 왔다. 솔숲 샛길로 눈이 살짝 내렸는데 보석을 뿌려놓은 듯 하얀 물감을 칠한 듯 보얗다. 멀리 길 너머 고속도로 차 달리는 소리 이곳까지 들리니 사람들이 만든 굉음에 자연은 온전할 리 없다. 아니 온전함이 오히려 잘못일 것이다. 정상으로 오르는 오른쪽 동쪽 비탈에는 물안개가 낙엽 위에 들불같이 피어오른다.

날개 닮은 산세

눈 녹으면서 햇살을 받으니 골골이 운무산행. 비봉산은 봉황이 두 날개를 펴고 날아가려는 모습으로 우리는 소나무·참나무 능선길 오르는데 봉황의 날개인 우백호 위로 걷는 셈이다. 인걸은 지령(地靈)이라 좋은 기(氣)가 흐르는 산을 자주 다녀야 우리 몸도 맑은 기운을 받게 된다. 선산의 이름이 신라의 일선주(一善州)에서 비롯됐다지만 선(善)은 산기슭의 차음(借音), 산이 순해서 선산(善山)으로 불리지 않았을까?

10시 50분경 일본군 초소 같은 감시탑을 지나 봉우리 나란히 선 형제봉(531미터)에 눈이 쌓여 먼저 왔다간 발자국이 선명하게 찍혔다. 언젠가 이 산에 처음 왔을 때 60대 부부를 만났는데…….
"속리산, 갑장산으로 연결된 줄기"라고 했더니
"아닙니다. 김천에서 나온 기양지맥입니다."
백두대간과 정맥을 두루 섭렵하고 지금은 버스로 다니면서 지맥을 익힌다고 한다. 기양지맥(岐陽支脈)은 백두대간 국수봉(797), 백운산(630), 기양산(706),

눈길

멀리 갑장산

수선산(684), 형제봉(531), 신산(457미터)으로 이어지는데, 이날 강호의 고수를 만났다.

백두대간은 백두산에서 금강산, 설악산을 거쳐 강이나 계곡을 건너지 않고 지리산에 이르는 우리나라 산줄기로 1,400킬로미터에 이른다. 함경도를 동서로 관통하는 장백정간과 청북·청남·해서·임진북예성남·한북·한남·한남금북·낙동·낙남·금북·금남·금남호남·호남정맥 등을 포함해서 1대간·1정간·13정맥으로 부른다. 대간(大幹), 정맥(正脈), 기맥(岐脈), 지맥(支脈), 분맥(分脈), 단맥(短脈), 여맥(餘脈)으로 점차 세분하는데 이를테면 고속도로, 고속화도로, 국도, 지방도, 군도 식이다. 여러 가지 산줄기 구분이 있을 수 있으나 일반적으로 기맥은 100킬로미터 이상, 그보다 짧은 것은 지맥, 분맥은 지맥에서 분기된 30킬로미터, 단맥(短脈)은 대간에서부터 분맥까지 모든 산줄기에서 분기해서 10~30킬로미터까지, 여맥(餘脈)은 10킬로미터 미만, 섬의 산줄기는 따로 구분한다. 대간부터 단맥까지 산줄기는 수만 킬로미터 되니 백두대간 종주만 해서 자랑할 것이 못 된다.

흰 눈에 비친 햇살과 소나무 길은 삼박자가 되어 절경이다. 비봉산은 흙산

일본군 초소 같은 감시탑

비봉산 정상

(肉山)으로 어미산, 맞은편 멀리 선 금오산은 그나마 바위산(骨山)인데 햇살에 검은 실루엣(silhouette)[2]을 그려 험준하게 나타난다. 그래선지 국가원수도 얼마나 강직하였던가? 11시 30분 갈등고개 임도합류지점(선산체육시설 3.3킬로미터) 10분 더 지나 부처바위다. 부처가 누워 있다는데 아닌 것도 같다. 이 산에 매번 올 때마다 부부를 만난다. 봉황이 길조이니 금슬 좋은 산이라 이곳에 오는 이들마다 금슬이 좋아질 것이다. 그래서 부부산으로 부를까 보다.

정오 무렵 한줌 점심인데 울릉도 전호나물, 밥, 김치, 사과 몇 조각으로 감식을 한다. 12시 25분 김해허씨묘를 지나 5분 후 매봉으로 불리는 영봉정(迎鳳亭)이다. 봉황을 영접하려니 눈이 부시다. 왼쪽 9시 방향이 냉산인데 신라에 불교를 전하던 스님[3]이 서라벌 다녀오다 겨울에 복숭아·오얏(자두)꽃이 핀 것을 보고 절을 지어 도리사(桃李寺)라 했다.

10시 방향이 토목공화국의 영향으로 그 많던 오리알이 사라진 낙동강이요, 오른쪽은 황산, 넓은 들녘은 햇살 받아 영롱한데 반듯하게 정리돼 오히려 가지

2) 그림자, 테두리, 외형윤곽(옷에 의한 신체의 전체 윤곽).
3) 아도화상(阿道和尙) : 신라에 불교를 전한 고구려 사람, 묵호자와 동일인으로 본다(삼국사기·삼국유사). 이 무렵 손가락을 가리켜 지은 절이 직지사(直指人心見性成佛)라고 했다.

런함이 아쉽다. 저 너른 터를 바라보니 도읍이 되지 못한 선산고을의 위상을 실감한다. 천여 년 전 고려와 후백제 대군의 함성이 요란했을 것이다. 이 지역은 금오산성, 천생산성을 비롯해서 봉수대가 있었고, 사신접대와 공문수발, 관아 물자를 운반하던 교통·통신기관인 역참(驛站)이 있었다. 다시 오른쪽으로 무래리, 황산너머 망장리, 4시 방향이 무을이다.

비봉산 주변에 봉황이 날아가지 못하도록 여러 가지 땅이름을 지었는데 일종의 비보(神補)[4]인 셈이다. 고아읍 근처 마을에 그물을 쳐 막았다는 망장리(網障里), 목마르니 단물이 흐르는 감천(甘川)이요, 수컷과 놀도록 암컷을 의미하는 황산(凰山), 대나무 열매를 많이 먹으라고 곳곳마다 죽장리(竹杖里), 만발한 꽃에서 온갖 새들과 즐기라며 만화백조(萬花白鳥)의 화조리(花鳥里), 봉황을 맞는 영봉리(迎鳳里), 새들과 같이 춤추라고 무래리(舞來)·무을(舞乙), 지금은 사라지고 없지만 주변에 봉란(鳳卵)을 의미하는 야트막한 산을 여러 개 만들기도 했다. 모든 땅이름이 봉황에 맞춰져 있으니 대단한 조상들이라 느낀다.

한때 풍류를 즐길 줄 아는 선산출신 기자와 봉황이며 오동나무에 얽힌 지명을 얘기했다.
"땅이름 하나에도 애지중지 했지만 도읍이 되지 못한 건 무엇 때문일까요?"
"……."
"봉황이 깃드는 오동나무가 없어서 그래요."
"아니, 오로리가 있어. 골짜기 하나만 더 있었더라면……."
"……."
"제가 알기론 오동 오(梧) 자(字)가 없어요."
나중에 확인해보니 "벼슬에 나오라 했으나 오로지 나는 여기서 늙어죽는다"고 오로(吾老)리가 됐다는 것. 오동나무와 거리가 멀다고 생각하지만 고중(考

---

4) 모자라는 것을 채우는 뜻으로 부정적인 영향을 미치는 주변 환경을 좋은 곳으로 바꾸려는 방법. 장승·돌탑·솟대·숲·물길 조성 등.

證)이 필요할 것 같다.

임진왜란 때 명나라 장수가 쇠못을 박았다느니 고을이 한 개 부족했다느니 여러 이야기가 있으나 오동나무 이름만 붙였어도 화룡점정(畵龍點睛)[5] 도읍이 되었을 것이다.

"벽오동 심은 뜻은 봉황을 보렸더니
내심은 탓인지 기다려도 아니오고
밤중에 일편명월만 빈가지에 걸렸어라." (작자 미상, 출전 화원악보花源樂譜)

오동나무는 가볍고 방습·방충에 뛰어나 상자를 만드는 데 썼다. 천년을 묵어도 오동은 제 곡조를 잃지 않는다고 거문고, 가야금 등 악기 재료로 최고였다. 딸을 낳으면 오동을 심어 혼례 때 장롱을 만들어 주었다. 껍데기는 동피(桐皮)라 해서 치질, 상처, 종기에, 오동잎으로 재래식 화장실 구더기를 없앴고, 10년 정도 되면 목재로 쓸 수 있을 만큼 빨리 자란다. 껍질이 초록색인 것이 벽오동인데 추위에 약하므로 중남부 지역에 자란다. 7월경에 보라색 꽃이 피고 꼬투리 열매는 10월에 익는다. 공해에 잘 견뎌 가로수·정원수로 심으며 열매는 커피 대용으로, 기름을 짜 식용유로도 쓴다.

12시 50분 솔숲을 지나면서 비봉산은 전국적으로 수십 곳이 될 것이라 생각한다. 아마 고을마다 훌륭한 인물이 많이 나오길 바라는 염원이었을 것이다. 근처에는 땅을 돋아 봉란산(鳳卵山)을 만들고 벽오동과 대숲을 만들어 봉황이 세세연년(歲歲年年) 머물게 했다. 봉황은 신령스러워 새 가운데 으뜸이다. 닭의 머리, 뱀의 목, 거북 등, 물고기 꼬리에 육척으로 오색 찬란 상스러운 빛에 다섯 가지 울음소리를 낸다. 오동에 깃들고 굶주려도 대나무 열매만 먹는다. 성인군

5) 용을 그리는데 마지막에 눈동자를 찍음. 가장 중요한 부분을 맨 끝에 손질해 일을 끝냄(양나라 화가의 고사에서 유래).

선산읍

영봉정 숲길

자가 나면 나타나는데 용·거북·기린과 사령(四靈)이다.

　동으로 교리, 서쪽은 노상리 뒷산이 날개 부분이고 현재 선산보건소와 선산출장소를 입으로 친다. 이러한 산세를 보고 "조선 인재 절반은 영남에서 나고, 영남 인재 반은 선산에서 난다"[6]고 했으니 길재, 김숙자, 사육신 하위지, 생육신 이맹전 선생과 동락서원에 배향된 선조 때 문신·성리학자 장현광이 이곳 출신이다. 포은 정몽주를 이은 길재는 고려가 망하자 고향으로 돌아와 후학을 가르쳤고 김숙자는 점필재 김종직의 아버지다. 영남사림의 으뜸 김종직은 외가 밀양에서 났지만 선산이 고향인 셈이다. 결과적으로 부자(父子)가 포은·야은[7]의 학통을 계승하면서 선산은 영남사림파의 중심 역할을 한다. 사림파의 유학사상은 정몽주, 길재, 김숙자, 김종직, 김굉필, 조광조 선생으로 이어진다.

　"김종직 선생이 밀양에서 났는데 어떻게 선산이 고향이야?"
　"아버지 고향이 아들의 고향이다."
　"태어난 곳이 고향이지."
　"생물학적으로 그래."
　"씨앗이 만들어 진 곳."
　사전적 의미는 "태어나서 자란 곳과 조상 대대로 살아온 곳"이다.

---

6) 朝鮮人才半在嶺南, 嶺南人才半在一善(택리지 팔도총론).
7) 목은 이색을 더해 고려 삼은(三隱)이라 했다.

도읍이 되지 못한 터, 멀리 낙동강, 금오산

하위지는 세종 때 벼슬길에 나가지만 수양대군이 왕위를 뺏은 계유정란(癸酉靖亂)을 일으키자 사육신(死六臣) 성삼문, 박팽년, 이개, 유성원, 유응부 등과 단종 복위를 꾀하다 김질의 배신으로 죽음을 당한다. 비슷한 시기에 벼슬에 나선 이맹전도 거창현감 등을 거치나 은둔으로 일생을 마친다. 어쨌든 이 지역에 벼슬아치가 많이 나서 조선시대에는 장원방(壯元房)이라 불렸다.

저 멀리 묵호자(墨胡子)가 저녁놀에 금 까마귀를 보고 지은 금오산이 흐릿하게 다가온다. 대통령 부친의 무덤이 있다는 금오탁시(金烏啄屍) 명당! 금오는 태양 속 세 발 까마귀 삼족오(三足烏=太陽) 아니던가? 경부고속도로 건너편 천생산이 안산(案山)인데 주검이 누운 형국이라 까마귀가 발복한다는 것이다. 시체를 쪼는 금오탁시 형국은 제왕의 터, 부귀(富貴)명당이지만 고난과 위험이 따른다고 한다. 그래선지 생사를 가르는 우여곡절을 많이 겪지 않았던가?

내려가는 길은 등산로가 아니라 산책길이라고 하는 것이 낫겠다. 오솔길처럼 다져진 길이 걷기에는 좋다. 옆으로 30~40년 된 소나무, 리기다소나무, 상수리, 신갈나무가 섞여 자라고 숲은 보기 좋게 가꾸어 놓았다. 나무장승도 아주 큼직하게 세워서 든든하다. 산 앞으로 멀리 보이는 곳에 오동나무를 무리지어 심어 놓으면 좋겠다는 생각을 한다. 오후 1시, 보건소 주차장으로 다시 걸어오면서 나는 학생시절 교과서 표지에 기불탁속(飢不啄粟)[8]을 적어놓고 청춘을 지나왔지만 지금까지 품격을 잃지 않고 살았는지 뒤돌아본다.

탐방길

● **전체 10.6킬로미터, 3시간 50분 정도**

선산보건소 주차장 → (20분)하위지 유허비 → (1시간)두꺼비 닮은 바위 → (20분)형제봉 정상 → (40분)갈등고개(임도 갈림길) → (1시간)영봉정 → (20분)소나무 숲 → (10분)선산보건소 주차장

* 눈 쌓인 길, 두 사람 걸은 평균 시간(기상·인원수·현지여건 등에 따라 다름).

---

8) 봉황은 굶주려도 낟알을 쪼아 먹지 않는다.

정승이 나오는 삼정산

돌장승 · 실상사 · 자작나무 · 칠암자

도마마을과 접경지 · 겨울 나그네 연가

물안개 흐린 2월 하순 겨울 끝자락의 날씨, 실상사 주차장에 닿는다. 지리산은 모두 회색빛으로 칠해 놓았다. 해탈교 다리 건너기 직전 돌장승이 우뚝 서서 일행을 맞아준다. 앞에 또 다른 장승이 있었지만 60년대 초 홍수에 떠내려갔다고 한다. 내 키만 한 장승 몸에 희미한 글자가 새겨져 있는데, 대략 보니 금사(金沙)[1]를 옹호하고 귀신을 쫓는다는 뜻이다. 옹호금사축귀장군(擁護 金沙 逐鬼將軍). 익살스럽고 퉁박한 모습을 보고 귀신들은 겁이나 먹을는지? 지리산 골짜기에서 흘러내린 물이 모여 흐르는 돌다리 건너 논둑길 10여 분 걸어가니 실상사다. 징검다리가 있으면 얼마나 운치가 있을까? 안타깝지만 개울 건너는 정겨움은 이미 사라진 문화가 되었다.

실상사(實相寺)는 모악산 금산사의 말사. 구산선문 가운데 처음 문을 연 절(禪刹)이다. 도의선사는 장흥 가지산에 보림사를 세워 선종을 개척했고, 홍척(洪陟)은 이곳에 실상사를 세워 제자들을 키웠는데 실상사파로 부르기도 했다. 철불을 비롯한 국보, 보물 등 문화재가 많다. 천왕봉을 바라보며 크고 작은 봉우리를 꽃잎 삼아 꽃술에 앉은 절집은 논 옆에 있어서 분위기가 다르다. 낮은

---

1) 중국 장강의 상류가 금사강이 듯 이곳에선 섬진강의 상류 만수천을 가리킨다고 한다.

실상사

담장을 두르고 안쪽으로 나무를 심어 고즈넉한 정경. 규모는 작지만 세속화 덜된 운치 있는 절집이라 발걸음 쉽게 떼지 못한다. 백두산 기운이 일본으로 가므로 지기(地氣)를 끊기 위해 실상사를 세웠는데, 무쇠 수천근으로 만든 약사전 철불이다. 지리산 천왕봉과 일본 후지산을 일직선으로 좌향을 맞췄고 맨땅에 철불을 모신 것도 일본으로 흘러가는 것을 막기 위해서라고 한다. 그래서 실상사가 나라를 지키기 위한 호국 풍수의 현장이라 생각한다.

추운 들길 걸어 약수암 가는 길을 물어도 잘 모른다 하니 대략 짐작하고 걸어보는 수밖에, 10시경 산속의 약수암 찾아 솔숲을 걸으면서 마음을 다스린다. 이것도 두타행 아닐까? 소나무길이 좋은데 전봇대도 잘생긴 소나무처럼 같이 뽐내며 섰다.

"확실히 이웃이 중요해. 나와 같이 걸으니 키도 커 보이지 않나?"

"자기 자랑하는 사람치고 잘난 사람 못 봤다."

20여 분 더 올라서 약수암(藥水庵)이다. 개 한 마리 을씨년스런 암자를 지키고 딱따구리가 나무를 쪼는데 절묘한 목탁소리 내며 산중의 적막을 깬다.

돌장승

"탁, 따르르르."

대나무, 잣나무, 소나무, 때죽나무…….

노간주나무와 뒤섞인 소나무 숲이다. 노린재, 산벚나무, 쇠물푸레나무를 뒤로하고 땀을 닦는데 영원사까지 5.4킬로미터 더 가야한다. 여기저기 아직 눈이 남아있어도 앞이 탁 트인 어느 문중 묘지 앞에서 물 한 잔 마신다. 숨을 고르며 뒤돌아보니 인월 쪽의 굽은 도로와 엄천강으로 이어지는 황강의 물줄기가 길게 흘러간다.

참나무, 박달나무 사이로 눈바람이 차지만 경사가 급한 산길, 땀을 닦고 다시 오른다. 사람들 다닌 흔적도 잘 없다. 눈 쌓인 산비탈에 당단풍나무는 여태 마른 잎을 바람에 날리며 섰는데 더욱 춥게 느껴진다. 11시 30분쯤 삼불사 갈림길 지나고 오래된 소나무와 눈 덮인 하얀 바위산 아래 지붕이 보인다.

"저쪽이 삼불사인가."

"아이젠 없이 미끄러워서 갈 수 있겠어?"

어쩌겠나. 이제 와서 되돌아갈 수도 없는 노릇, 말없이 걷기만 한다.

노각나무, 신갈나무 군락지를 지나 사스래나무, 거제수나무다. 이들은 같은 자작나무(樺) 식구들이다. 늘씬한 몸매와 하얀 피부를 가진 슬라브 미녀들. 카추샤나 나타샤가 겨울 산에 하얀 붕대를 칭칭 감고 섰다. 영하 30도의 추운 곳을 좋아하고 껍질이 탈 때 자작자작 소리가 나서 자작나무로 부른다. 기름기가

삼불사

겨울 당단풍

심산유곡

많아 쉽게 썩지 않을뿐더러, 불이 잘 붙고 오래 가므로 예로부터 화촉(華燭)을 밝히는데 썼다. 그래서 결혼을 화혼(華婚)이라 했다. 색깔이 하얀 순서대로 자작 · 사스래 · 거제수나무다. 거제수는 약간 누런 빛깔을 띤다.

눈 위의 물푸레나무는 마치 산을 호령하듯 장수처럼 우뚝 섰다. 눈바람 맞으면서도 즐겁게 오르는데 숲의 상층부에는 신갈 · 물푸레나무, 중간층은 노린재나무, 하층은 산앵도, 조릿대가 서로 안정적인 식생을 만들었다. 눈까지 적당히 쌓여 자연은 여럿이 어울려 스스로를 위한 하나를 만들며 살고 있다. 정상 부근으로 가까이 오른 것일까? 아마도 굵기 2미터는 넘을 것 같은데 이렇게 거대하고 오래된 나무는 처음 본다. 오늘은 신갈나무가 심산유곡(深山幽谷)[2]의 터줏대감이다.

12시 40분경 삼정산 정상. 지리산 여든 다섯쯤 봉우리 가운데 삼각봉에서 북쪽으로 뻗어 남원 산내와 함양 마천 일대에 걸쳐있다. 북쪽 기슭은 산내, 동으로 마천, 지리산에 가려진 곳을 오르내리며 걷는 길. 지리산국립공원 지역인데 삼정봉이 아니라 삼정산이라 부르는 것은 그만큼 산세가 빼어나고 오래된

───────────────
2) 깊숙하고 고요한 산과 골짜기.

신갈나무
고목들

삼정산

절집들이 있어서 독립적인 지위를 부여한 것이라 생각한다. 흙산(肉山)인 산세가 부드럽고 바위·고사목·노송이 많아 옛날부터 산 밑에 정승 셋이 난다는 전설과 동쪽 기슭의 하정·음정·양정마을이 있어 삼정산(三政山, 三丁山)이라 부른다.

산줄기마다 눈이 쌓여 설산의 장엄함은 파노라마처럼 펼쳐져 있다. 산하는 이렇게 멀고 길어서(悠長) 가는 곳마다 가슴 벅차 오르게 만든다. 사람 하나 없는 눈 위에서 점심, 떨리고 손이 시리다. 밥을 먹고 나면 몸의 열기가 소화기 쪽으로 모이므로 피부의 열을 뺏겨 추위를 더 많이 탄다. 정상의 표지판은 1,182미터 인데 헬기장의 또 다른 표지는 1,210미터.
　"지도에는 1,225로 제각각이야."
　"대충 1,200이라 생각해."

백두대간 줄기가 지리산 노고단에서 오른쪽 천왕봉으로 휘어졌는데 삼각형 중간지점에 삼정산이 만들어졌다. 맨 밑에 실상사(實相寺)가 있고 약수암(藥水庵), 삼불사(三佛寺), 문수암(文殊庵), 상무주암(上無住庵), 영원사(靈源寺), 도솔암(道率庵)으로 오르는 구간을 칠암자 순례길이라 한다. 이곳에서 영원령 쪽으

문수암

로 다시 오르면 삼각봉, 형제봉 지나 세석 쪽인데 우린 내리막길 걸어 오후 1시
반 상무주암(上無住庵)에 닿는다. 눈 내리는 암자에서 경치가 일품이라 말하니,
처사인 듯 실상사까지 2시간 걸린다고 일러준다.

오후 2시경 문수암에서 내려가는 길이 미끄럽다. 아이젠도 없이 눈길을 걸
었으니 힘이 들지만 눈 쌓인 바위, 계곡 물소리, 먼 산 아래 눈 내려 환상을 따
라 걷는 듯하다. 30분 더 내려가서 삼불사 갈림길, 오후 3시경 도마마을엔 나
무 때는 냄새가 좋다. 집집마다 연기 피어오르고 눈발이 세다. 강가로 내려가
며 감나무들과 다락논이 정겹지만 이 일대는 과거 빨치산과 연관되었다는 이
유로 민간인들이 희생된 곳이기도 하다.

강가에 눈이 막 퍼붓기 시작한다. 등짐을 베개 삼아 하늘 보면 나물 캐는 아
낙의 등 너머 먼산 첩첩이 깊다. 눈이야 날리든 말든 배낭을 그대로 진채 누워
있으니 산마을은 강물에 빠진 듯하다.

눈을 툭툭 털고 일어서 저 강물처럼 다시 흘러가기로 했다. 남원 실상사까지

산

산길

산마을

걷는 거리를 단축하려면 강을 가로질러 가는 방법이 있는데 다리는 저 멀리 있고 몇 번 건너려 시도 해보지만 여의치 않아 지리산 자락길 따라 다시 걷는다. 결국 강둑을 30여 분 돌아 백무동 삼거리까지 와서 다리를 건넌다. 마천시장. 4시 반경 전통시장에 왔지만 모두 문을 닫았는지 아예 폐장된 것인지 아쉽다.

얼음물에 씻은 냉이 뿌리처럼 이 산 저 산 모질게 넘어온 발길. 문 닫힌 삼거리 장터 빈손으로 돌아 오지만 정류장엔 기다리는 사람 하나 없다. 산내 방향으로 아스팔트 걷는데 길옆에 판자집 같은 막걸리집이 반갑다. 남원 산내와 함양 마천 경계지점에 서니 묘한 기분이 든다. 전라와 경상지방 인심이 겹치는 접경마을, 매화는 꽃망울 맺었는데 강 따라 싸락눈은 나그네 발길을 붙잡는다.

간이매점

냉어

끌며 당기며 따르는 강물처럼 바람은 눈을 몰고 오는데 아무리 걷는 것이 나그네 일이라 해도, 이런 날 한 잔 기울이지 않으면 죄를 짓는 일이다.

"막걸리 한 잔 할 수 있을까요?"

"날이 춥지요."

"……."

들어오라는 시늉이다.

남정네 서넛이 둘러 앉아 있는데 난로 곁엔 코끝이 맵다. 흘러도 떠난 것 없고 머물러도 쉴 없는 사랑이여, 사람 사는 맛 얼마 만에 느껴보는가? 굽이굽이 길 따라 낯선 곳, 장작불 따뜻한데 땀에 젖은 옷인들 어떠랴. 한 잔 술과 네게 스며드는 저녁이어서 좋다. 우리가 오늘 마주하기까지 얼마나 많은 산 넘어 왔던가. 막걸리, 파전, 미역, 김치, 배도 고팠지만 지리산 술 맛은 더욱 좋다. 거스름돈 받지 말랬더니 기어코 3천 원 받아왔다.

"운치 값이 몇 배나 더 하겠다."

5시 반에 나서 다시 걷는데 눈을 털어도 산마을은 잃어버린 소중한 무엇을 찾은 듯 잊히지 않는다. 강을 보며, 산을 보고, 회색빛 하늘 쳐다보며 한 곡조 읊으려는데 갑자기 승용차가 앞에 와 선다.

"……."

접경지

겨울 강

한사코 태워주겠다고 한다.

"오늘은 괜찮은데……."

"……."

6시경 실상사 주차장이다. 어떤 여성의 호의를 물리치지 못해 너무 쉽게 원점에 도착했다. 겨울 나그네 분위기를 뺏겨 아쉽다. 눈 대신 비 내리고 내일은 어느 산 갈까?

● 정상까지 7킬로미터, 3시간 30분, 전체 16킬로미터 8시간 정도

도로 옆 주차장 → (10분)석장승 → (10분)실상사 → (50분)약수암 → (1시간)삼불사 갈림길 → (1시간 20분)삼정산 정상 → (30분)헬기장 → (10분)상무주암 → (30분)문수암 → (40분) 삼불사 갈림길 → (40분)눈 내리는 강가 → (5분)도마교 → (15분)폭설 강둑길 → (55분[*]강 건너려 지체)마천시장 → (15분)간이 매점 → (1시간[*]매점 경유시간 포함)도로 옆 주차장

* 눈길 느리게 걸은 시간(기상·인원수·현지여건 등에 따라 다름).

성스런 나무들의 터 성인봉

향나무 · 장철수 대장 · 너도밤나무 · 정로환
말오줌대 · 명이나물 · 성인봉 전설 · 대풍감 · 호박엿

거의 한 시간 반 정도 달렸을까? 우현(右舷)으로 눈을 떼지 못하고 저마다 탄성을 지른다. 동해의 검푸른 파도는 미끈한 고래들을 눈부시게 했다. 고성에서 온 왕소장 내외와 9시 55분 출발하는 3층 배에 멀미를 우려해서 1,2층에 자리 잡았다.

"바다 날씨 좋은데."

시쳇말로 장판이다.

"오늘 4월 24일 파도 높이 1미터 이하, 물결에 거품이 일면 2미터 넘는 것으로 보면 됩니다."

울릉도 도동항에 도착하니 일행이 마중 나왔다. 오후 1시 20분. 인사할 겨를도 없이 항구를 배경으로 사진 한 장 찍는다. 홍합밥으로 늦은 점심을 먹고 저동 촛대바위로 향한다. 고불고불한 후박나무 가로수 길, 지프차로 기어올라 고향 같은 저동항구다. 바다냄새는 포구의 봄날 동백꽃을 생각나게 한다.

"헤일 수 없이 수많은 밤을 내 가슴 도려내는 아픔에 겨워 ~"

도동항구

선착장

저동항구

누가 먼저 시작했는지 동백아가씨 노래가 흐드러졌다.

촛대바위 너머로 사자바위, 죽도는 그대론데 나무계단을 놓은 행남 등대 길은 때가 묻었다. 행남은 뱀의 머리를 닮았다고 사구남으로 불린다. 등대를 배경으로 바위섬, 잔잔한 바다는 일품이다.

촛대바위

3시 넘어 봉래폭포에 오르는데 입구부터 밤나무보다 잎이 부드럽고 크며 둥근 너도밤나무 숲이다. 우산고로쇠도 잎이 크고 싱싱하다. 결각이 6~9개로 거치가 없고 오리발 모양인데 섬단풍은 결각 10개 정도로 거치가 있어 구분된다. 오르막길 한참 지

봉래폭포

나 삼나무 숲에 삼림욕장을 만들었는데 인공시설이 많은 것이 흠이었다. 취나물·부지깽이, 마가목·섬피·굴거리 나무들과 마주치며 샘물 한 모금에 어느덧 풍혈까지 왔다. 주변에는 개발 사업을 하는지 이리저리 흩어져 파여 있다. 관광홍보를 한답시고 현수막에 식당 이름만 커다랗게 붙여 놓았다.

"현수막이 지방자치 공로자다."

"자치대상을 줘야 해."

너도밤나무 삼나무 주사골

　오후 4시경 저동초등학교 아래 옛날 살던 집은 식당으로 바뀌었다. 촛대바위는 그대론데 사람들 간곳없다. 20여 분 차를 달려 내수전 전망대에 닿는다. 나무계단 길옆으로 마가목·쥐똥·너도밤·노린재·조릿대·산딸기·쪽동백나무 줄을 섰다. 전망대에 서니 죽도, 관음도, 성인봉과 섬목이 한 눈에 들어오고 보리장나무 열매가 달다. 바로 옆이 깍새섬, 길게 다리가 놓였다. 깍새는 갈매기 비슷한데 개척당시 밤에 불을 놓고 몰려드는 새들을 잡아먹었다. 대섬이라 불리는 죽도는 저동에서 소를 배에 태워 섬으로 오르면 죽어야 내려오는 곳. 다래순, 말오줌대와 헤어지면서 일행들은 내수전 전망대를 내려왔다.

　25년 더 됐을까? 항구 모퉁이 2층 찻집에서 바라보던 바다는 낯선 한량의 정체를 아는 듯 얼마나 많은 날 머리칼 날리게 했던가. 마시며, 기울이며 불러 젖혔던 그 때의 노래와 파도, 추억에 잠길 여유도 없이 다음 목적지로 달리지

팽나무

마가목, 오른쪽 사구남 등대

왼쪽 깍새섬, 오른쪽 죽도

만 국가재건최고회의 표석에 있는 팽나무(폭 · 포구)를 다시 만나고 간다.

도동으로 넘어오면서 해가 기울어졌다. 5시 반경 약수터, 독도박물관. 케이블카를 타고 오른 정상에는 멀리 동해의 검푸른 물빛과 항구를 비추는 햇살이 흐려서 빛바랜 사진 풍경이다. 굴거리 · 후박 · 해송 · 참식 · 마가목 · 보

참식나무

리수 · 산벚 · 사철 · 섬괴불 · 말오줌대 · 삼나무……. 털머위 · 애기똥풀 · 아이비, 건너편 검은 바위산 절벽에 아래로 떨어질 듯 매달린 2,500년 묵었다는 향나무다. 1985년 태풍에 반쪽을 잃고 지금은 쇠줄에 의지해 힘겹게 살지만, 언제 또 팔다리가 날아갈지 모른다. 울릉도 향나무를 울향으로 불리는데 옛날에는 흔해서 땔감으로 썼다는 것. 나무 타는 냄새에 모기가 없을 정도로 향이 강했다. 일본인들에 의해 무차별 베어져 그 자리에 삼나무들이 심겨졌다. 토종 향나무는 대풍령이나 통구미 등지의 급경사지 바위에 붙어사는데 석향이라 불린다. 육지에 비해 향이 진하고 검붉은 색을 띤다. 초기에는 울릉도 최고의 선물이 오징어보다 향나무를 더 크게 쳤다. 내세구복(來世求福)과 미륵이 온

말오줌대

굴거리나무

다 해서 바닷가에 묻었는데 매향(埋香)이라 했다. 수백 년 흘러 굳어진 향은 영혼까지 맑게 해준다고 믿었다.

우윳빛 섬괴불 꽃이 바다를 바라보며 한껏 피었는데 연락선이 노을에 비친 물결 위로 붉은 선을 그으면서 점점 멀어져간다. 강릉 가는 배일 것이다. 6시경 약수공원에 내려오니 솔송나무, 굴거리, 팔손이 그리고 말오줌대, 마가목. 울릉도 원주민 최 과장은 말지름대, 마구마라 한다. 사동으로 넘어서면서 스쳐가듯 흑비둘기 서식지엔 비둘기 한 마리 없고 후박나무와 소나무는 아직 기세 등등하다. 밤바다. 도동 항구에는 수산물 좌판이 섰지만 가게에 앉아 호박막걸리 몇 잔 나누다 경일여관 골목길 올라간다. 내일 아침 성인봉 등산을 위해 김밥 몇 줄, 여관주인에게 차까지 부탁해 뒀다.

새벽 5시 일어나 김밥으로 아침을 해결하고 아래층 내려오는데 벌써 기다리고 있었다. KBS방송국 입구에 내리니 땅두릅, 털머위, 쥐나물이 앳되고 애기나리는 하얀 꽃을 달았다. 검은 흙들이 순식간에 흘러내릴 경사 급한 밭을 지나 성인봉 등산로, 독도가 보이는 방향으로 해가 맑다.

독도에 나무 심으러 간 일이 벌써 아득해졌다. 보리장 · 섬괴불 · 후박 · 해송·동백나무……. 그들은 얼마나 자랐을까? 괭이갈매기와 파도 속에서 라면 먹던 일과 상비약처럼 귀하게 여겼던 말 통 소주의 기억도 아득하다. 장철수 대장[1]을 울릉도에서 만난 것은 1991년 가을이었다. 손위 뻘 되는 그는 외대를 나와 독도관련 민간단체에서 활동했다. 개량 한복을 입고 수염까지 길렀는데 잔을 기울이던 모습이 예사롭지 않았고 국토에 대한 집념을 읽을 수 있었다.

당시 이예균 푸른울릉독도가꾸기모임 회장, 허영국 기자, 김성도씨 등과 항구의 술집에서 여러 번 만났다. 독도에 있던 김성도씨는 날씨가 안 좋을 때 울릉도로 나오곤 했다. 자연스레 홍순칠(洪淳七 1929~1986) 대장이 화제가 됐는데, 울릉출신으로 독도경비 활동을 펼쳤다. 미군정시절 국방경비대원, 한국전쟁에서 부상을 입자 울릉 상이용사(傷痍勇士)들과 독도의용수비대를 결성, 1956년 경찰에 넘겨주기까지 실효적 지배에 기여하였다. 독도나무심기, 태극기와 급수장설치 등 독도 지키기에 헌신적이었다. 정부 훈장을 받았다. 우리는 밤늦은 항구에서 습관처럼 바위섬 노래를 불렀는데 이예균 회장이 운영하는 제일생명 2층에 기타 교실을 열었던 까닭이었다. 나의 기타 줄에 저마다 두주불사(斗酒不辭) 실력을 겨뤘다.

화산섬 울릉도는 화산회토가 발달하고 비탈 밭은 끈끈한 점토질(粘土質)로 웬만큼 비가와도 흘러내리지 않는다. 토양 유기질 함량이 육지보다 높아 취나물·명이·부지깽이 등 각종 산나물이 자라는 데 좋다. 도둑·공해·뱀이 없고 물·미인·돌·바람·향나무가 많아 삼무오다(三無五多)의 섬으로 불린다. 특히 섬인데도 물이 좋아서 주민들의 낯빛이 흰 편이다.

고비, 관중, 애기똥풀, 아이비가 가지런히 폈고 관중은 정말 왕관처럼 생겼

---

1) 1997년 장철수 대장은 연해주에서 한반도 남부, 일본으로 왕래한 해양왕국 발해 해상로를 복원하겠다며 블라디보스토크에서 제주도까지 뗏목으로 교역로를 찾아 나선다. 안타깝게도 1998년 1월 오키나와 해상에서 이용호 대원, 이덕영 선장, 임현규 학생과 폭풍우에 휩쓸리고 만다. 훗날 러시아 극동대는 뗏목 탐사단이 해양학 발전에 기여했다는 공로를 기리기도 했다. 통영미륵산 기슭에 무덤이 있다.

성인봉 오른쪽 길

명이나물

다. 동백, 쥐똥 · 후박 · 참식 · 산벚나무, 해송, 조릿대, 우산고로쇠, 마가목과 너도밤나무 사이를 지나 갈림길 있는 곳까지 왔다(도동1.5 · 성인봉2.6킬로미터). 참나무과(科)인 너도밤나무 잎은 느티나무와 밤나무의 중간 크기인데 긴 타원형이다.

러일전쟁 때 만주 일본병사들이 행군하면서 밥을 먹어 배탈 · 설사로 자꾸 죽자 너도밤나무 목초로 만든 환약(丸藥)을 매일 먹도록 했는데, 마침내 전쟁에서 이겼다. 정복의 정(征), 러시아의 로(露)를 붙여 정로환이다. 배탈 · 설사약의 대명사가 됐다.

아침 7시 반쯤 됐을까? 벌써 이마에 땀이 줄줄 흐른다. 물을 많이 들이켜 15킬로그램 되는 배낭을 메고 오르니 땀이 흐르는 것은 인체의 순리 아니던가? 하늘 가까운 곳에 우산고로쇠, 마가목이 상층을 이루고 그 아래 조릿대, 관중, 박새, 두루미 꽃이 어울려 살아가는 식물들 사회는 정직하다. 산나물을 뜯는 할머니들이 간혹 보인다. 저마다 "채취허가증"을 달고 있어서 한편으론 야속하다는 생각도 들지만 섬에 오는 관광객들마다 마구잡이로 뜯어가니 오죽했으면……

"수고하십니다. 나무 이름이 뭐죠?"

"말지름대."

상처 나는데 붙이면 좋다며 푸성귀 한 움큼 건넨다.

"미끄러운데 조심하세요."

말오줌대를 접골목(接骨木)이라고 한다. 조상들은 뼈가 부러지거나 삐었을 때, 타박상, 류머티즘에 빻아 붙이거나 태워서 약으로 썼다고 알려져 있다. 접골목류에는 말오줌대, 딱총나무, 지렁쿠나무들이 있는데 변이가 심해서 이들을 구분하기에 애매한 부분이 없지 않다. 삼나무와 두루미꽃 군락지를 지나자 계곡의 그늘에는 쌓인 눈이 아직도 남아 있어 벚나무꽃과 대조를 이룬다. 7시 45분경 갈림길(성인봉1.6 · 도동2.5킬로미터) 근처에 이르자 드문드문 피나무가 섰고 너도밤나무 군락지. 산벚나무와 섞여있거나 단일수종인데 10~20미터 키에 둥치 굵기는 거의 60센티미터다.

산을 절반정도 올라서자 박새인 듯 초롱꽃 이파리인 듯 동남쪽 비탈면을 빼곡히 덮고 있다. 마늘 냄새가 나는 걸 보니 분명 산마늘이다. 개척 당시 굶주림에 생명을 이어준 나물이라 해서 명이 · 산마늘로 불리는 백합과 식물이다. 울릉도, 오대산, 지리산, 설악산과 중국, 일본에도 자란다. 강원도 지역은 잎이 길고 울릉도는 둥근 타원형이다. 이른 봄 눈 속에서도 나오며 이뇨, 해독, 구충, 감기에 좋고 비타민이 많다고 알려져 있다. 박새, 초롱꽃, 산마늘은 모두 백합과 식물이지만 박새와 은방울꽃은 독이 있어 중독사고가 잦다.

나무 정자에 서니 아침 8시. 동해 너머 먼 바다 아득하고 저동항구가 눈앞에 왔다. 여기서 성인봉까지 1.3킬로미터, 너도밤나무 길 따라 산마늘, 두루미꽃, 고비, 관중…. 남향으로 경사가 보통인데 산마늘이 많다. 천연기념물 성인봉 원시림은 숲이 저절로 생겨 다행히 그대로 남아있다. 정상으로 올라갈수

나리분지, 멀리 송곳바위

록 조릿대가 많은데 접두사 "섬" 자가 붙은 섬단풍, 섬피나무, 섬말나리, 섬바다……. 단연 너도밤나무가 주인이지만 우산나리, 섬현호색을 만난 것은 30분 더 오른 곳이다(성인봉1.1 · 도동3킬로미터, 안평전은 거리표시 없다).

8시 50분 성인봉 해발 984미터. 옛날 나물 뜯던 처녀가 날이 저물자 사람들은 횃불을 들고 찾아 헤맸으나 허사였다. 여러 날 지나 낭떠러지 바위에서 실신한 처녀를 구한다. 나물 뜯다 잠깐 누웠더니 수염이 긴 할아버지가 나타나 대궐로 따라갔는데 퉁소 소리에 그만 잠들었다고 했다. 그 뒤로 성인봉(聖人峰)이라 불렀다.

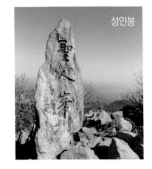
성인봉

정상엔 사람들이 많아 표지석 앞에 서려니 한참 기다려야 했다. 멀리 보이는 바다는 검은색 물결을 일렁이고 발밑으로 나리분지가 펼쳐져 있다. 일행들과 나리분지에서 만나기로 했으니 바쁘게 약수터 방향으로 내려선다.

9시경 약수터에 눈이 쌓여 차가운 기운은 겨울 날씨처럼 매섭다. 물맛이 일품. 물소리 졸졸졸 흘러가는 샘터에 앉으니 손가락 시려서 마디마디 얼얼하다.

나리분지로 내려가며 솔송나무·두메오리, 울릉국화·고추냉이·섬백리향·노루귀 등 각종 희귀군락을 볼 수 있다. 한라산, 지리산, 백두산 등에 버금갈 정도로 특산식물들이 많다.

발아래 올망졸망 핀 꽃을 몰라 묻는다.

"지금 렌즈로 보는 것이 무슨 꽃입니까?"

"독도제비꽃."

"처음 발견한 식물인데 독도제비꽃이라 불러주세요."

야생화연구원이라는 대여섯 명이 사진을 찍다가 친절하게 말해 준다. 근접촬영을 하는데 엄숙할 정도로 공을 들이고 있었다. 꽃받침 뒷모습이 노루귀처럼 보인다고 섬노루귀, 설악산에는 그냥 두루미꽃, 여기서는 큰두루미꽃이다. 육지에선 뫼제비꽃이지만 울릉도에서 난다고 독도제비꽃인데 처음 불러주는 이름이니 많이 알려 달라고 한다. 일제 강점기 때 일본인 주도로 시작된 울릉도 식물연구가 한국전쟁 이후부터 본격적으로 진행됐다. 이처럼 민간분야까지 영역을 넓혔으니 독도로 인해 울릉도가 유명해졌을 것이다. 멸가치 군락지를 지나 10시경 부지깽이 군락지에 다래순이 좋다. 섬다래라고 해야 할까?

올라가는 길을 넓히려는 듯 공사자재들이 널브러졌고 주변은 어수선하다. 계곡물소리 들리고 너도밤나무 줄을 섰다. 솔송나무 드문드문 어느덧 나리분지 가는 길, 신령수 도착시간이 10시 반경이다(나리분지1.6·성인봉2.1킬로미터). 물 한 잔 마시고 말오줌대, 산벚이 아닌 섬벚, 바다나물도 섬바디, 섬자리공, 섬모시대, 주름제비란……. 투막집에 들러 송곳산을 배경으로 한 장 찍는다. 섬백리향, 울릉국화 군락지에는 목책으로 둘러쳐져 있다. 회솔은 주목과(科), 솔송나무는 소나무과(科)이지만 둘 다 울릉도 자생식물이다. 10시 35분경 일행

나리분지 숲길

투막집

들을 만났다.

최과장은 모시딱지라고 하며 두루미꽃을 묻는다.

"스마트폰을 큐알(QR)코드[2]에 대면 다 알려주는데요."

왕소장 부인이다.

"소나무, 참나무 등 기본적인 것은 알 수 있지만 식물들은 환경적 요인들에 의해 변이가 심하기 때문에 기대수준의 인식은 불가능합니다."

두루미꽃을 명이나물로 잘못 알고 몸에 좋다고 한다.

11시 반경 소나무 길이다. 나리분지 긴 숲길, 공군부대 지나 나리분지 식당에 도착하니 남근모양의 수도꼭지를 빼는 상스런 여자들이 깔깔댄다. 호박막걸리, 당귀, 천궁, 더덕 씨를 갈았다는 술로 목을 축이는데 "씨~ㅂ 껍데기 술"이란다. 상술치고 저질스럽기는 매 한가지다. 주말부부는 삼대에 덕을 쌓아야 한다느니, 애인 없으면 장애인이라는, 삼식이 등 천박스럽게 지껄이고 있다. 저급한 것들을 모른 채 하면 졸지에 동조자나 방관자가 되니 역겹지만 어떻게 참견을 아니 할 수 있나. 자연에 대한 찬미와 설렘은 이곳에서 망쳤다.

아쉽지만 12시 반에 출발이다. 성인봉 등산코스는 울릉읍 도동리 대원사

---

2) Quick Response Code. 바코드보다 많은 정보를 담을 수 있는 격자무늬 2차원 코드. 스마트폰으로 정보를 받을 수 있다.

나리분지

또는 KBS 방송국이나 안평전에서 시작해서 나리분지를 거쳐 북면 천부리로 내려오는데 어느 곳이나 5~6시간 정도 걸린다. 거꾸로 나리분지를 시점으로 해서 오르기도 한다.

울릉도는 해저 2천 미터에서 솟아오른 용암이 굳어져서 생긴 화산섬으로 죽도, 관음도, 독도 등 부속 섬이 많고, 해안선이 대략 56킬로미터에 이르며 바다 깊이는 근해 1천 미터 정도로 깊다. 강수량 1,300밀리미터 정도지만 북서계절풍으로 40퍼센트가 눈으로 내리는데 평균 적설량이 1미터. 눈이 가장 많이 내리는 곳이기도 하다. 나리분지에 최고 3미터까지 쌓이기도 한다. 연평균 기온 섭씨12도, 온난다습한 해양성 기후로 난·온대 식물이 섞여 자라는 특이하고 다양한 생태계여서 식물·지리학적으로 대단히 중요한 곳이다. 육지에서 가장 가까운 곳은 대략 128킬로미터 거리인 죽변, 묵호161·강릉184·포항217, 독도까지 87킬로미터 거리에 있다.

오후 3시 포항으로 가는 배를 타야 하니 북면 소재지를 나와서 오후 1시경

현포, 멀리 바다에 구멍바위

현포(玄圃) 대풍령에서 잠시 쉬어가기로 했다. 대풍헌에서 오는 배를 기다리는 곳. 울진 기성면 구산리에 대풍헌(待風軒)이 있다. 순풍을 기다리는 집으로 수토사(搜討使)가 울릉도를 수토(시찰)할 때 바람을 기다리던 곳이 대풍령·대풍 감이었다. 조선시대에 울릉도와 독도를 실효적인 영토로 관리하여 왔음을 보여주는 것으로 울진에서는 울릉도로 항해하는 수토사 뱃길행사를 열고 있기도 하다.

대풍감(待風坎), 감(坎)은 구덩이나 구멍을 뜻하니 바위구멍에 닻줄을 매어 놓고 바람을 기다리던 곳 아니던가? 돛단배가 다니던 시절 육지로 부는 바람을 기다리던 곳이다. 현포마을 바다 위에 떠있는 구멍바위, 송곳산과 바로

송곳산

아래 노인봉, 포구의 하얀 등대와 어우러져 천하비경을 연출한다. 발을 떼기 어려운 울릉도 제일의 절경이 여기다.

경치에 취하다 근처 호박엿 공장
에 들러 엿을 샀다. 울릉도 호박은
햇볕과 강우량이 적합하고 토질이
좋으며 당도가 높아서 엿으로 인기
가 있다. 원래 옥수수에 후박나무껍
질을 섞어 후박엿을 만들었는데 나

중에 호박엿으로 바뀐 것. 후박나무 껍질(厚朴皮)을 한방에서는 기관지와 위장
약으로 썼다. 태하, 학포, 구암, 남양 최과장 댁을 거쳐 도동항에 도착한다. 3시
30분 포항을 향해 출발하는데 바다 날씨가 좋다. 길게 따라오던 갈매기 울음
은 이내 뱃고동 소리에 묻혀버렸다.

탐방길

● 정상까지 4.1킬로미터 1시간 50분, 성인봉에서 나리분지까지 3.7킬로 2시간
   정도

KBS방송국 입구 → (20분)갈림길 → (45분)두 번째 갈림길 → (15분)나무정자 → (5분)명이
군락지 → (45분)성인봉 → (5분)약수터*25분 휴식 → (50분)신령수 → (10분)투막집 → (1시
간 10분*식물관찰 지체)나리분지 마을

* 2~5명 걸은 보통걸음 평균 시간(기상·인원수·현지여건 등에 따라 다름).

원효와 요석공주 소요산

동두천 · 소요학파 · 말발도리 · 매화말발도리
참나무시들음병 · 파계승 · 원효와 요석공주

동두천역 지나 곧바로 주차장에 왔다. 동두천(東豆川)은 동쪽으로 흐르는 시내, 동쪽에 머리를 둔 냇물이 흐른다고 동두천(東頭川)이었으나 두(頭) 자에서 두(豆) 자로 변한 건 일제의 문화말살 정책과 더불어 약자로 쉽게 쓰려는 경향이 더해지면서 바뀌었다는 것이 유력하다. 8.15 해방 이후 미군주둔으로 락(Rock)[1] 음악이 성행해 많은 국내 유명 밴드들이 이곳을 거쳐 갔다.

7월 28일 토요일 10시 20분, 소요산 아스팔트 주차장이 더위로 푹푹 찐다. 플라타너스는 그늘 만드는 것도 힘에 부치는지 축 늘어져 섰다. 반공희생자 위령탑을 지나 개울물처럼 졸졸 흐르는 계곡, 나무그늘에 어르신들만 삼삼오오 앉아 더위를 피한다. 소요산역에서 걸어 15분 정도면 갈 수 있어 자동차 없어도 접근성은 좋다.

계곡 옆 아스팔트 가로수 길 따라 햇살 피해 걷는데 간혹 외국인들 눈에 띄고 젊은이보다 대부분 나이든 사람들. 아마 그들은 6~70년대 서울에서 기차로, 버스로 왔던 그 시절의 청춘 세대일 것이다. 산업화 · 민주화를 거치면서

---

1) 로큰롤(Rock & Roll), 1940년 말에서 50년대 후반에 생겨 미국에서 발전된 대중음악 장르, 아프리카게 미국인의 블루스 · 컨트리 · 재즈 등이 혼합된 음악.

소요산 계곡

자재암

원효샘

원효암(독성암), 밑에
나한전이 있다.

얼마나 고생 많았던 격동의 세대였던가?

　11시 자재암 입구 약수터, 시원하게 마시고 물통을 채운다. 백팔번뇌 계단, 석벽, 소나무 걸린 주변을 이리저리 둘러보다 20분 지나 반야심경 합창소리 들리는 자재암에 닿는다. 선덕여왕 시절 원효가 요석공주와 인연을 맺은 후 이 먼 곳까지 와서 지었다 한다. 법당에 앉은 보살들은 불심이 얼마나 깊기에 이 뜨거운 염천(炎天)에 칠보단장(七寶丹粧)[2] 곱게 차려 입었을까? 나한전 앞 원효샘 석간수(石間水)[3]에서 잠시 더위를 쫓는다. 고려 때 이규보가 전국 최고 찻물이라 극찬하며 젖샘으로 불렀다고 적혀 있다.

　바위 따라 긴 계단 오르는데 졸참 · 팽 · 쪽동백 · 신갈 · 소나무 숲이 그늘을 만들어 줘서 그나마 다행이다. 11시 30분 자재암에서 50미터쯤 올라가니 갈림길(하백운대0.6 · 중백운대1 · 선녀탕0.6 · 나한대1.5 · 일주문0.5킬로미터). 땀에

2) 여러 패물로 몸을 꾸밈.
3) 바위틈에서 나오는 샘물.

옷은 다 젖었다.

이 산은 대부분 바위산으로 계단이
많다. 잠시 쉬면서 물을 마시는데 모기
가 왱왱거리며 달려든다.
"그냥 가지 죽이긴 왜 죽여."
"불심이 약해서 그래."

백운대 오르는 길

12시 해발 440미터 하백운대(자재암0.6 · 중백운대0.4킬로미터). 너무 더워 쓰
러질 것 같은 폭염이 2주 이상 40도를 오르내리니 식물들도 겨우 목숨만 붙어
있다. 빤질빤질한 화강암, 물푸레 · 산사나무 오른쪽으로 걷는데 시계방향으
로 화산분화구나 산성을 도는 듯하다. 10분 후 덕일봉 갈림길(상백운대0.3 · 일
련사25 · 선녀탕1 · 자재암1.7 · 중백운대0.3 · 하백운대0.7킬로미터). 걸어온 중백운
대 쪽 신갈나무 숲길로 시원한 바람이 불어 땀을 식힌다.

12시 반 이정표 없는 칼바위에 이르니 땀으로 목욕한 듯하다. 생강 · 싸리 ·
당단풍 · 누리장 · 병꽃 · 개옻 · 산뽕 · 좀작살 · 고로쇠나무…… 바위에 앉아
손수건 비틀어 짜니 빨래하는 것처럼 물이 뚝뚝 흐른다. 12시 45분 급경사지대
계단에 의지해서 다시 내려가는 길, 이렇게 굵은 찰피 · 떡갈나무는 드물다.

소요산은 산세가 빼어나 경기 소금강이라 일컬었다. 웅장하지 않지만 봉우
리 경치가 좋다. 진달래 · 철쭉꽃 피고 여름철 흐르는 계곡물이 좋아 서울 근
교에서 많이 찾는다. 가을 단풍과 겨울산도 운치 있다. 원효폭포로 올라가면
하 · 중 · 상백운대가 나타난다. 아들 이방원에게 홀대받은 이성계가 상백운대
에 자주 올랐다고 전한다. 나한대, 정상인 의상대, 공주봉이 차례로 솟아 있다.
서경덕, 김시습 등이 소요했다는 데서 유래된 소요산, 소요(逍遙)는 거닐며 다
니는 것이니 기원전 4세기 아테네 숲에서 아리스토텔레스가 제자들에게 강론

소요산 소나무 / 바위능선 / 찰피나무 / 매화말발도리 / 떡갈나무

한 데서 유래한, 이른바 거닐며 배웠다는 소요학파(逍遙學派)가 있었다.

1980년대 서울에서 3000번 영종여객[4] 버스를 타고 덜컹거리며 오가던 시절, 비행기 소리만 듣다 내려온 기억밖에 없다. 서울에서 많은 시간 소요된대서 소요산이라 했으니 오죽 했겠는가?

층층·매화말발도리나무 지나서 갈림길(선녀탕입구0.9·나한대0.9·의상대 0.3·칼바위0.4·상백운대1킬로미터). 잠시 후 또 오르막 계단이다. 말발도리는 산골짜기 바위틈 물 빠짐 좋은 곳에 잘 자라는 2미터 정도 키 작은 나무. 마주나는 잎 앞뒤 별모양 털이 나고 가장자리 작은 톱니가 있다. 6~7월 하얀 꽃이 줄기 끝에 모여 피고 연노랑 색을 띠기도 한다. 깍지열매는 9~10월에 익는다. 우리나라 특산 매화말발도리는 4월에 매화꽃처럼 잎겨드랑이 두세 송이 모여 핀다. 하얀 개나리꽃으로도 보인다. 꽃은 매화, 열매 주머니가 말발굽에 박는 편자를 닮아, 가지 꺾일 때 댕강 소리 나서 매화말발도리·댕강목이라 한다.

---

4) 1954년~2004년경까지 운행하다 경기고속에 합병됐다.

소요산

여성스런 애교의 상징, 그래서 저 앞에 공주봉 바라보며 피었을 것이다.

이런 날 땀흘려 오르며 백팔번뇌를 생각하는데 팥배·신갈·철쭉나무 파란 하늘 위로 흰 구름 부질없이 흐른다. 한참 앞서 오른 일행은 벌써 저만치 간다. 오후 1시 10분 나한대(의상대0.2·선녀탕갈림길0.2킬로미터). 땡볕에 서서 해탈의 경지에 이른 수행자를 생각하는데 맞은편 바위 의상대는 왼쪽으로 누웠다. 10분 뒤 의상대(587미터, 공주봉1.2·나한대0.2킬로미터). 동두천 군부대, 북서쪽 감악산이 멀지 않고 불볕에 데인 정상, 비행기 소리만 저 멀리 하늘 속으로 사라져 간다. 땀이 뚝뚝 떨어져 수첩에 볼펜도 잘 구르지 않는다.

의상대

바위 옆의 신갈나무 잎이 누렇게 변했는데 참나무시들음병에 걸린 듯, 건전한 나무와 뚜렷이 대비된다. 갈참·신갈·졸참나무 등에 매개충(媒介蟲)[5] 광

---

5) 병을 옮기는 벌레.

참나무시들음병

룽긴나무좀이 옮기는 것으로 시들어 말라죽는 병이다. 여름부터 잎이 서서히 말라 죽는데 다 떨어지지 못해 겨울까지 달려 있다. 나무 주위에 톱밥 같은 배설물이 쌓인다. 감염된 나무는 곰팡이로 인해 수분 이동 통로가 막혀 죽는다. 2004년 성남에서 처음 나타나 경기·수도권으로 피해가 늘어나고 있다.

누리장나무 하얀 꽃을 두고 갈림길(공주봉 0.4·의상대0.7·샘터0.5·일주문1.4킬로미터)에 서 공주봉으로 올라간다. 샘터길 이정표를 보 니 갈증은 더 나고 물은 반 병밖에 남지 않았 다. 배낭엔 토마토·오이 몇 개 뿐. 개박달·

누리장나무 꽃

신갈·물푸레·당단풍나무를 지나 뜨겁게 달궈진 철골계단을 올라야 공주를 만날 수 있다. 땀 뻘뻘 흘리며 오른다.

평범한 사랑은 절정(climax)이 없다 해도, 마흔의 원효가 스무 살 과부에 게 빠졌으니 어찌 파계(破戒)[6]하지 않겠는가? 고귀한 러시아 성직자 라스푸틴 (Rasputin)은 니콜라이 2세 황후의 궁중에서 음탕하게 살다 비명에 갔고, 30년 면벽수도(面壁修道)[7]하던 생불(生佛) 지족선사도 황진이 유혹에 못 이겨 "십년 공부 나무아미타불"의 원조가 됐다. 그러나 원효는 파계승으로 성공한 경우다.

---

6) 계율을 이기어 깨뜨리는 것.
7) 얼굴을 벽에 대고 도 닦는 일.

우리나라 불교사에서 원효(617~686)는 의상(625~702)과 떼놓고 얘기할 수 없지만 6두품 출신 기인(奇人)으로 알려졌다. 이름이 설서당(薛誓幢), 진평왕 때 압량군(押梁郡, 경산)에서 태어났다. 의상과 당나라 유학 가던 중 토굴에서 잠자다 물을 마셨는데 깨어 보니 공동묘지의 해골 물, 크게 깨달아[8] 발길을 돌려 민중포교에 나선다. 노래와 춤으로 이상한 행동을 하면서도 무열왕의 둘째딸 요석과 관계를 맺어 파계했다. 그러나 14일 만에 싫증을 느끼고 스스로 소성거사(小性居士)라 하며 귀족불교를 가난한 사람, 어린아이까지 염불할 수 있게 가르친다. 인간본성으로 돌아가자는 일심(一心), 실제로 돌아가면 하나로 만나는 화쟁(和諍), 모든 집착을 버리는 무애(無㝵)가 그의 사상이다. 말년에 왕궁에서 강의했고 70살까지 살았다. "하늘 받칠 기둥을 깎으려는데 자루 빠진 도끼가 없느냐" 하니, 요석공주가 "도끼를 빌려 드릴 수 있다." 해서 낳은 아들이 이두(吏讀)[9]를 만든 설총이다. 깨달음 얻기 위해 소요산에 들어온 건 믿을 만한데 요석공주가 이곳까지 따라 오지는 않았을 터. 그런데 자재암 입구에 요석별궁지가 있다.

오후 1시 50분 공주봉(526미터, 의상대 1 · 일주문1킬로미터). 헬기장 뜨거운 햇살 아래 넓은 판자 터를 만들어 놓았고 산벚 · 싸리 · 물푸레 · 떡갈나무 너머 동두천 시내가 환하다. 하도 더워서 토마토 · 오이, 물 몇 모금, 10분쯤 쉬었다 간다.

공주봉 쉼터

가래나무 지나 오후 2시 10분께 갈림길(공주봉0.2 · 의상대1.4 · 왼쪽길 주차장 1.4 · 소요산역2 · 일주문1.2 · 소요산역3.5킬로미터). 미역줄 · 층층 · 물푸레 · 물박달 · 고로쇠나무 지나 낭떠러지 바위에 서니 의상봉, 동남쪽으로 바윗돌이 누

8) 일체유심조(一切唯心造), 세상 모든 일은 마음먹기 달렸다는 뜻(화엄경 핵심).
9) 한자음과 뜻을 빌려 만든 우리말 표기법.

공주봉

공주봉에서 바라본 동두천

웠고 왼쪽 바위산 밑에 자재암이 조그맣다.

　"청춘홍안을 네 자랑 말아라 덧 없는 세월에 백발이 되누나 ~
　동두천 소요산 약수대 꼭대기 홀로 선 소나무 날같이 외롭다."

　청춘가 한 곡조에 어느덧 2시 반 샘터, 계곡 밑에 쉬었다 가기 좋은데 앉을
곳 없다. 찬바람 나오는 계곡 근처 구 절터, 구절터인지 헷갈린다. 옛 절터가
아닌가? 10분 지나 다시 백팔번뇌 계단에 이르고 원효굴 · 원효폭포에는 사람
들이 아예 진을 쳤다. 다른 사람이야 오든지 말든지, 뭐라고 하든 말든……. 어
쩌다 우리 사회에서 품위 있는 여행과 타인에 대한 배려가 이처럼 실종되고 말
았는가?

원효굴

원효폭포

소요산역에서 접근성 좋은 것도 오히려 문제가 될 수 있다 생각하면서 걷는데 갑자기 소나기 내리니 계곡마다 박수소리 요란하다. 얼마나 덥고 그동안 비가 내리지 않았으면 소나기에 환호를 할까? 빗물 젖은 아스팔트 열기가 코끝으로 확확 올라온다. 오후 3시 주차장으로 내려왔다. 도로 건너 소요산 역. 전체 6.6킬로미터 4시간 20분 걸었다.

● 정상까지 4.1킬로미터, 2시간 30분 정도

 ※ 전체 6.6킬로미터, 4시간 20분

소요산 주차장 → (40분)자재암 → (30분)하백운대 → (30분)칼바위 → (40분)나한대 → (10분)의상대 → (30분)공주봉 → (40분)샘터 → (40분)소요산 주차장

* 무더운 바위 산길, 두 사람 걸은 평균시간(기상·인원수·현지여건 등에 따라 다름).

봄내 고을의 오봉산, 삼악산

소양호 · 골풀 · 청평사 회전문 · 소양강처녀와 동백

멸가치 · 참죽나무 · 흥국사 궁예 · 맥국

배 타고 가는 오봉산

6월말 장마, 아침 날씨는 안개처럼 부옇다. 비가 올지 모르지만 모처럼 가는 먼 길, 비를 맞고서라도 멋진 여행이 되길 박수 치면서 출발한다. 햇살이 눈부신 치악 휴게소에서 목만 축이고 춘천으로 달린다. 소양호의 수위는 많이 낮아져 푸른 물결이 아쉽다. 10시 반 배를 타고 청평사 나루터까지 10여 분, 30분 간격으로 운항해도 주말이라 행락객이 많다.

청평사 시원한 계곡을 끼고 공주상(公主像), 구성폭포, 바위굴을 지나 11시경 절 입구, 약수터 물맛이 좋다. 병마다 물을 채우고 뒤편 등산로를 따라 오른다. 물푸레 · 산목련 · 굴참 · 철쭉 · 진달래 · 사위질빵 · 당단풍 · 누리장 · 광대싸리 · 생강나무들이 반겨주듯 늘어서 있다. 왼쪽이 적멸보궁의 완만한 코스, 오른쪽이 암벽로프 길이다. 일행들은 험한 암벽 길을 따라 오르는데 소나무와 어우러진 바위에 앉아 소양호(昭陽湖)에 일배(一杯)를 띄운다.

햇빛이 잔물결에 일렁이니 눈이 부시다. 소양호는 춘천 · 양구 · 인제에 걸쳐 있는 인공호수, 내륙의 바다로 1973년 완공된 동양최대의 다목적 댐이라는

구성폭포

데……. 하여튼 최대·최고·최초라는 표현을 동원해야 직성이 풀리는 것인
지, 열등감에 대한 집착이나 강박관념일까? 동양최대의 유효기간이 아직 남아
있는지 잘 모르겠으나 어쨌든 높이 123미터, 길이 530미터. 소양강은 인제에
서 춘천을 거쳐 북한강으로 이어지는 물길로 156킬로미터쯤 된다.

　우리는 소양호를 뒤로하고 북쪽으로 올라간다. 까마득한 벼랑이며 삐죽삐
죽 솟아 있는 바위들이 미끄럽다. 이곳의 암벽구간은 눈 내리는 겨울철 피하는
것이 좋다. 바위에 꽂힌 쇠말뚝과 밧줄을 잡고 간신히 한발 한발 딛는다. 헛디
디면 추락하는 아찔한 바위길이 더욱 조바심 나게 하고 배낭은 오늘 따라 무겁
다. 숨이 차다. 겨우 한 사람 지날 수 있는 구멍바위를 통과할 수 없어 옆으로
지팡이에 의지하고 올랐지만 위험한 일이었다. 지팡이는 체중이 실렸을 때 갑
자기 쑥 내려가면 사고로 이어지므로 등산 장비는 정품을 써야 한다. 산에 오
를 때 3배, 내려 갈 때는 7배의 하중이 무릎에 실리므로 지팡이(Stick)는 관절 충
격을 30퍼센트가량 줄여준다.

멀리 소양호, 나무 밑에 청평사가 보인다

오봉산 오르는 바윗길

어젯밤 잠을 설친 탓에 짐이 무겁다. 첫 산행에 참가한 일행의 도시락까지 맸고 사진 찍으면서 두고 온 지팡이를 찾으러 다시 내려갔다 왔으니 힘들고 배도 고프다. 누군가 내민 초콜릿 덕분에 지팡이 끝에 힘주어 올랐다. 구멍바위를 지나 30분쯤 가면 평탄한 길이 나타나고 곧이어 정상에 닿는다. 뒤돌아보면 저 멀리 호수에 유람선이 미끄러져 간다. 오봉산 779미터, 몇 해 전 이곳에서 사진 찍다 표지석 돌 안에서 구렁이가 나와 놀란 적 있었다.

"구렁이 조심하십시오."

모두 놀란 듯 잠잠하다.

이산에 구렁이 많은 것은 무슨 까닭일까? 일행은 힘들게 올라온 것에 비해 산의 높이가 맘에 안 들었던지 나무젓가락을 덧대 1,779미터라 한다. 여기서 산비탈 타고 참나무 숲 능선을 따라 가면 오른쪽이 화천방향, 왼쪽 암릉 지대에 진혼비가 있다. 배후령까지 1시간 30분 정도 걸린다. 춘천에서 국도 따라 30여 분 화천경계 못 미처 배후령 고개, 여름 휴가철 하루 만에 용화산을 갔다 왔으니 힘들었던 기억밖엔 없다.

구멍바위

산목련

왔던 길 되돌아 정상부근에 자리를 폈다. 참나무 밑으로 바람이 시원하다. 대신 매고 올라온 도시락은 유리그릇과 쇠 수저였는데 벽돌 짊어진 것처럼 골탕 먹었다하니 한바탕 웃는다. 햇볕은 구름에 가려 나왔다 들어갔다 하고 땀에 젖은 몸도 하얗게 불었다. 정상에서 바위를 따라 청평사 쪽으로 내려간다. 암릉과 어우러진 소나무를 벗 삼아 구멍바위다. 더 내려가면 망부석이 있고 갈림길에서 완만한 오른쪽으로 내려섰다.

깊은 산중에 자라는 함박꽃나무(木蘭) 앙증맞은 꽃잎을 한참 살펴보며 내려간다. 함박꽃인 작약을 닮아 나무에 핀대서 함박꽃나무, 산목련이다.

길옆의 나뭇잎 따서 슬슬 장난기를 발동하는데

일행의 코끝에 쑥 대어준다.

"어휴, 냄새."

"누린내다."

확실히 이곳의 누리장나무 냄새는 진하다.

까마귀 울음 두고 어느덧 세수 터, 적멸보궁, 척번대, 기우단을 지나 청평사 뒤 물이 흐르는 바위에 앉아 있다. 손이 시리다.

"4시 반 배? 5시 배를 탈까요?"

우두커니 앉아 단풍나무, 참나무 그늘 아래 물소리, 하늘엔 구름, 자연의 품에 있으니 얼마나 기분 좋은 일인가?

골풀

"건강 나이를 78세로 칠 때 오늘 이 곳에 있으니 하루 더 늘었습니다."

"산속에 오면 우선 심리적으로 안정됩니다. 우리 몸의 모든 기관이 최적의 상태를 만들려는 항상성 유지가 이뤄져 면역력이 강화되니 건강할 수밖에 없어요. 부지런히 산에 다니십시오."

그 사이 나는 모기에게 뜯겼다.

계곡이 끝나는 지점에 어릴적 논두렁, 못 주변을 돌아다니며 복조리와 여치집을 만들던 식물이 눈에 띄는데 골풀이다. 우리나라 원산으로 초여름에 녹갈색 꽃이 피고 물가, 습지에 잘 자란다. 자리를 만들었고 등심초(燈心草)라 해서 줄기는 말려 약으로 썼다. 오줌이 방울방울 떨어지는 임증(淋證)에 생것을 끓여먹었다.

어느 절 할 것 없이 경내에 불두화 · 백당나무 · 나무수국, 꽃잎은 떨어지고 없다. 청평사엔 보물로 지정된 회전문인데 일행은 의아스러워 한다. 이것은 건축양식 변화를 알게 하는 문이다. 처마 부재들

회전문

도 간결한데 주심포(柱心包)[1]에서 짜임새가 밋밋한 익공(翼工)[2] 양식으로 바뀐 것이다. 만물은 가고 다시 오니 사는 것과 죽는 것도 화무십일홍(花無十日紅), 인생일장춘몽(人生一場春夢)이라. 윤회의 의미를 깨닫게 하는 마음의 문이 이

---

1) 지붕의 무게를 분산시키기 위해 기둥 위에만 짜임새(공포)를 만든 것.
2) 짜임새 형식인 주심포(柱心包) · 다포(多包) · 익공(翼工)의 세 가지 중 가장 간결한 것.

절집의 회전문이다.

고려시대에 만들었다는 작은 연못 영지(影池) 앞을 지나는데 모두 발걸음이 무거워진 것 같다. 지금까지 4시간 반 걸렸으니 내일 삼악산 등산도 염려해야 할 일이다. 선착장 배 시간을 맞추기 위해 걸음을 빨리 옮긴다. 오후 5시 배, 어느덧 더위도 강바람에 한풀 꺾여 있었다. 떠나기 싫은 발길, 호수에 둥실 배 띄우고 음풍농월(吟風弄月)이 이곳 아니면 어디랴?

봉우리 5개가 줄지어 있다 해서 비로 · 보현 · 문수 · 관음 · 나한봉을 일컬어 오봉산(五峯山)으로 부르게 되었는데, 옛 문헌은 청평산(淸平山), 경운산(慶韻山)으로 나온다. 병으로 고생하던 중국의 공주가 청평사까지 오게 된다. 아홉 가지 소리가 들린다는 구성폭포에서 몸을 씻고 회전문으로 나오는 순간 벼락이 내리쳐 뱀을 떨치게 되자 탑을 세웠다는 전설이 있다. 그래서 이산 정상에 종종 구렁이가 나오는 것일까? 사랑에 사무친 상사병은 예나 지금이나 현재진행형이다. 소양호를 내려오면서 막국수 집을 찾으니 천전리(川田里)다. 샘밭골……. 봄봄 한 잔 뒤로하고 어둑해질 무렵 시내로 돌아왔다.

강촌의 삼악산

춘천의 새벽은 비가 내렸다. 신문지와 비옷까지 준비하고 비 맞을 수 있어 좋다고 생각했는데 그쳤다. 어젯밤 명동골목과 낭만적인 맥주 맛이 떠나는 아쉬움을 대신해 주었다. 명동 숙소에서 소양2교까지 불과 5분 거리, 소양강 처녀를 만났다. 버튼을 누르자 노랫소리 흘러나오고 이른 아침 우리뿐이다. 소양강 처녀 노래는 작사가 일행이 가수지망생의 춘천 강변 집으로 놀러 와서 옅은 물안개와 소나기 풍경을 보고 노랫말을 썼다. 70년 초 인기를 모았다.

"해 저문 소양강에 황혼이 지면, 외로운 갈대 밭에 슬피우는 두견새야 ~

등선폭포

동백꽃 피고 지는 ~ 아 ~ 그리워서 애만 태우는 소양강 처녀."

　청바지와 통기타, 막걸리가 생각나는 강촌 유원지를 둘러보고 오르는 삼악
산 등선폭포에는 아침 안개가 금상첨화. 협곡을 오르는 철 계단이 놓여있어도
보기 싫지 않았다. 일요일 9시인데 벌써 내려오는 등산객들은 도대체 몇 시에
이산으로 왔을까? 바위틈을 따라 오르는 계곡으로 물이 맑고 주변도 한층 깨끗
해졌다. 당단풍 · 쇠물푸레 · 굴피 · 쪽동백 · 신 · 피 · 참나무들이 서로 어울려
자라고 소양강처녀 노랫말에 나오는 동백나무(산동백 · 생강나무)는 어느새 열
매를 맺었다. 강원도 산골아낙들은 누구를 꾀자고 머리에 동백기름을 바르는
가?

　오늘 같은 산길은 그야말로 최고다. 맑은 날 숲속의 기운과 향기는 쉽게 날
아가 버리니, 비온 뒤가 삼림욕에 좋다. 바위계곡을 다 오르려니 길옆으로 멸
가치 군락지다. 국화과 여러해살이로 그늘진 산길이나 절집 올라가는 곳에 사
는데 진정 · 이뇨 · 세안제로 쓰이고 어린잎은 취나물처럼 먹는다. 메밀 잎을

길섶에 자라는 멸가치

홍국사

닮은 약초인 약모밀(魚腥草. 멸나물)같이 생겨 멸같이, 멸가치로, 잎 모양이 말발
굽처럼 생겼다서 발굽취, 멸가치로 되었다.

　잠시 땀을 닦으려니 홍국사(興國寺)다. 죽나무는 절집과 연관이 많다. 참죽
은 진승목(眞僧木), 가죽은 가승목(假僧木)이다. 참죽나무는 멀구슬, 가죽나무는
소태나무과(科)로 비슷하지만 순을 먹는 것은 참죽, 못 먹는 것이 가죽이다. 참
죽은 붉은 무늬가 아름답고 사악함을 물리치는 벽사(僻邪) 의미를 붙여 가구재
로 일등이다. 참죽나무 책상에서 글을 읽으면 도를 통한다고 한다. 사찰에 참
죽나무가 많은 것도 이와 무관하지 않으리라. 촌락에서는 나물로 먹기 위해 울
타리에 심고 사찰음식에도 참죽나무순이 많이 나온다. 언덕 아래 연세 많은 참
죽나무 이파리는 활력이 없다. 절집도 이토록 쇠락하니 역사는 늘 승자의 편임
에랴.

　홍국사는 궁예가 왕건을 맞아 싸운 곳으로 터가 함지박처럼 넓으므로 궁궐
을 지은 뒤 나라(후고구려)의 홍함을 위해 홍국사를 지었다. 야사(野史)[3]에 궁예
는 신라 헌안왕과 후궁의 소생이었는데 태어날 때 이(齒)가 나 있어 국운이 다
할 징조라 왕이 죽이도록 했는데, 유모가 떨어지는 궁예를 받다 그만 눈을 찔

---

3) 민간에서 기록한 역사. 정사(正史)의 반대.

러 애꾸눈이 되었다 한다. 양길의 부하로 들어가 후고구려를 건국할 때까지 넓은 영역을 차지하지만 말기에는 스스로 미륵불이라 하여 폐단을 일삼다 왕건에게 쫓겨난다.

"승자(勝者)는 역사에 남고, 패자(敗者)는 야사와 전설로 나타난다."

이곳에서 작은 초원까지 숲길이 아늑하다. 잠시 짐을 놓고 땀을 닦는다. 산뽕·머루·생강·노린재·물푸레·산사나무…… 11시쯤 오른 삼악산 정상(용화봉) 654미터. 안개 때문에 사방 분간이 안 되지만

"11시 방향이 용화산, 2시 방향 붕어섬, 오봉산, 소양호입니다. 바로 앞이 의암호……."

"안개 때문에 하나도 안 보여."

"도를 통하면 보여요."

호수근처에 의암이다. 맥국을 침략한 적군이 옷을 빨아 바위에 널어 방심하게 했다는 의암(衣岩), 강촌역 뒤 칼을 쌓은 봉우리가 칼봉(劍峯), 무술 연습하는 것처럼 안심 시킨 뒤 예국의 기습공격으로 맥국은 사라졌다. 부족국가 맥국(貊國)이었던 춘천은 백제, 고구려, 신라의 지배를 차례로 받았고 신라 때는 삭주, 조선 태종 때부터 춘천으로 불렸다.

아쉬움 두고 내려오면서 12시 15분쯤 계곡에서 점심 먹는다. 그나마 비가 내리지 않으니 덜 어설프지만 폭포 옆이라 습기가 많다. 사람이 살기에는 너무 꼭대기도 건조해서 불편하고 해발 6~700미터가 좋다. 그만큼 사계절이 뚜렷하고 산소공급도 원활해서 건강하게 살수 있다는 것. 오로지 여름과 겨울만 존재하는 대도시를 언제 벗어날 것인가? 삼악산 654미터, 오봉산은 779미터이

다. 등선폭포 주차장까지 다시 돌아오는데 느릿느릿 4시간쯤 걸었다. 가도 후회, 안 가도 후회 한다는 자동차 20분 거리의 남이섬, 우리는 갔다 오면서 결국 뉘우쳤다.

탐방길

● **오봉산(정상까지 3.5킬로미터, 3시간 50분 정도)**

소양호 → (10분)청평사 나루터 → (50분)청평사 → (1시간 45분)*청평사 관람 포함*구멍바위 → (20분)소요대 → (45분)오봉산 → (2시간)*점심 40분 포함*세수터 → (20분)기우단 터 → (15분)청평사

● **삼악산(용화봉 정상까지 3.2킬로미터, 1시간 35분 정도)**

등선폭포 입구 → (5분)옥녀담 → (30분)흥국사 → (1시간)용화봉 → (2시간 10분)*숲 치유, 점심 포함*등선폭포 입구

* 8명 정도 느리게 걸은 평균 시간(기상·인원수·현지여건 등에 따라 다름).

구름 머문 월출산

무화과 · 영암아리랑 · 박주가리 · 왕나비
노각나무 · 도선국사 · 도갑사 · 왕인박사

저녁 8시 목포항구 항동시장을 나와 영암으로 달린다. 어둔 창밖으로 멀리 호남평야와 오른쪽으로 월출산의 윤곽이 보인다. 이곳에서 나오는 무화과는 전국의 8할 정도를 차지하고 부인병과 변비 등에 좋다고 알려져 있다. 자가 면 역성을 가져 농약을 잘 치지 않는다. 꽃이 없어서 무화과(無花果)이지만 봄, 여름동안 잎겨드랑이(葉腋) 열매 안에 작은 꽃이 있으나 보여주지 않을 뿐이다. 뒤에 앉은 누군가 한 곡조 읊조리며 영암으로 가는 분위기를 돋운다.

"달이 뜬다 달이 뜬다, 영암 고을에 둥근 달이 뜬다, ~ 월출산 천왕봉에 보름달이 뜬다."

가요 영암아리랑은 영암을 전 국민에게 알린 기폭제 역할을 했다. 월출산이 국립공원으로 거듭난 것도 이 노래 덕분 아니었을까? 내가 처음 이 노래를 안 것은 70년대 고향 방앗간 문짝에 붙어있던 하춘하 리사이틀 벽보를 본 이후다.

9시 못 되어 여장을 풀었으나 7월 장마에 밤새 천둥 치고 폭우가 쏟아졌다. 코 고는 소리, 창문을 흔드는 비바람에 잠을 설쳤다. 아침 7시경 월출산 국립 공원까지 가는 데 20분 거리 천황사 야영장 입구에 도착했다.

월출산 입구. 표석이 먼스럽다

　수 년 전 이곳에 왔을 때는 목포에서 산 조개를 굽고 기타 치며 야영하는데, 떼거리로 옆에서 떠들어 주눅 들던 곳이다. 안개는 돌병풍을 둘러친 바위산을 가렸지만 구름은 걷힌 듯 다시 드리우고, 8시에 산을 오르는데 월출산 표석 아래 박주가리 해맑다. 영어 이름이 우유 풀(Milkweed)인 박주가리는 여러해살이 덩굴식물로 7~8월에 흰색 꽃이 한곳에 뭉쳐 핀다. 주로 들판에서 자라고 잎에서 나오는 유액(乳液)은 독성이 있어 벌레들이 먹으면 죽는다. 마주나는 잎은 긴 심장모양으로 가장자리가 밋밋하다. 끝이 뾰족하고 갈색 꼬투리 씨앗에 붙은 털은 옛날 솜 대신 도장밥과 바늘쌈지로 만들기도 했다. 이름도 모르면서 꼬투리를 벌려 하얀 털을 불어 날렸던 것이 박주가리였다. 눈부시도록 춤추며

하늘을 날던 깃에 소원을 실어 보냈던 아련한 시절, 열매가 박을 닮았다 해서 박주가리인데 박 쪼가리라 불렀던 것 같다. 봄에 잎과 줄기를 데쳐서 나물로, 고기와 같이 삶아 먹기도 한다. 하수오[1]와 비슷하지만 울퉁불퉁 하수오 뿌리와 달리 긴 편

박주가리

1) 어찌 머리가 까만가?(何首烏). 노인이 산에서 캔 뿌리를 달여 먹었더니 머리카락이 검게 됐다 함.

이다. 씨를 찧어 바르면 지혈과 새살을 돋게 하고 강장·강정·해독제로 쓰며 젖을 잘 나오게 한다. 잎부터 뿌리, 씨까지 못 먹는 것이 없고 하얀 유액은 사마귀를 없애는데 노란 애기똥풀보다 효과가 좋다고 알려져 있다.

한편, 호랑나비 비슷한 왕나비 유충이 유일하게 독이 든 박주가리 잎을 먹는데 애벌레와 나비는 박주가리 독을 지니고 있다가 먹히면서도 천적을 죽인다. 저어새나 어치는 멋모르고 이들을 잡아먹다 깃털이 쭈뼛쭈뼛 해져 결국 토하며 죽는다. 북아메리카에도 비슷한 모나코 왕나비가 있다. 아무튼 박주가리와 왕나비를 통하여 자연의 절묘함과 생태계 연결고리를 다시 생각한다.

어젯밤 폭우로 불은 계곡물이 걸음을 붙잡는다. 나뭇가지는 비바람에 늘어져 모자와 옷깃을 다 적시고 벌써 등산화 발끝으로 물기가 느껴진다.
"물에 휩쓸릴 수 있으니 돌아갑시다."
일행들은 어젯밤부터 비 핑계로 산에 가기 싫은 표정이었는데, 오늘은 날씨

까지 어설프니 안 갔으면 하는 눈치다.

"좀 더 올라가 봐요."

나는 밤새도록 비바람이 쳐서 비구름은 어느 정도 물러났을 거라고 생각했다. 여기까지 멀리 왔으니 구름다리까지만 가기로 마음먹었다.

국립공원지역이라 안내판은 잘 만들어 놓았다. 대팻집·사람주·말오줌대·노각·때죽·사스레피·누리장·예덕나무……. 계곡물이 넘쳐 괜스레 겁나지만 어찌 여기서 멈출 수 있으랴? 올라갈수록 계곡물 무섭게 내려오고 일행들 말소리, 지팡이 부딪히는 소리도 거센 물소리에 묻히고 만다.

"흰 동백꽃 다 졌다."

"처참하게 떨어졌어."

하얀 동백을 닮은 노각나무 꽃이 비바람에 낙하유수(落花流水)를 연출하고 있다. 여기서 천황봉 2.7킬로미터, 잠시 갠 하늘은 산 아래 마을을 보여주는 듯하더니 안개로 확 덮어버렸다. 이번에도 심술궂은 월출산 안개 선물을 받으며 빗물과 땀을 섞어 오른다. 합다리나무, 물푸레나무 계곡으로 물안개 필 무렵 염려 했던 것들을 내려놓을 수 있었다. 안개는 아득한 기억을 들춰내고 신비스런 천상의 세계를 만들어 준다. 8시 30분쯤 갈림길(구름다리0.3ㆍ천황산1.4ㆍ바람폭포0.2ㆍ천황사주차장1.6킬로미터)에서 왼쪽 구름다리로 오르자 정자 대피소가 무척 반갑다. 집중호우 걱정에서 이제 한 시름 놓아도 될 것 같다.

달을 가장 먼저 맞는 산, 넓은 평야에 홀로 솟은 월출산(月出山), 호남 5대 명산으로 꼽히면서 월제악, 월생산으로 불리어 달과 밀접한 관계를 가지고 있다. 영산의 정기는 남으로 달리면서 해남의 두륜산과 장흥 천관산을 만들었고, 1988년 제일 작은 국립공원으로 이름을 올렸다. 오늘은 안개를 먼저 맞았으나 어쨌든 호남의 소금강이라 불린다. 남쪽에 무위사(無爲寺), 서쪽에 도갑사(道岬寺)가 있다. 영암의 북쪽은 날카로운 바위산(骨山)이지만, 강진군 남쪽은 완만한 흙산(肉山)의 모습을 보여준다. 영암의 지명도 월출산 바위에서 유래하는데, 움직이는 바위 세 개가 있어 산 아래로 떨어뜨리자 스스로 올라온 것이 영암이다. 백제의 왕인박사와 신라말 도선국사의 탄생지도 이곳이다. 도갑사 해탈문(국보50호), 구정봉 아래 최고도(最高度)의 명성을 자랑하는 마애여래좌상(국보144호)이 있다.

천황봉 1.8킬로미터 남은 사자봉 구름다리, 120미터 높이에 만들어진 52미터 다리가 아슬아슬하다. 아래서 기다리는 일행들에게 미안할 것 같아 다시 내려가기로 했다. 노각나무 하얀 꽃 핀 정자에서 물 한 잔, 안개 속의 전화벨소리에 귀 기울인다. 밑에 있던 일행들은 바람폭포까지 왔으니 걱정 말고 도갑사 쪽으로 가라고 한다. 9시 20분 바위능선 말안장 부근(鞍部)에 다다르고 다시 내려가 오른쪽으로 올라선다. 여기서 1.3킬로미터 남은 우뚝 솟은 바위산은 흐릿하다. 바위절벽에 매달린 노란색 나리꽃들이 안개 속에 젖어있다.

9시 25분, 비옷 입은 중년 부부를 만났다. "안녕하세요." 먼저 인사하는 분들이 외딴 산중에 얼마나 반가운가?

풋풋한 노각나무

"어느 쪽에서 오셨습니까?"

"경포대에서 6시 출발했습니다."

"강진에서 오셨군요."

산에 다니는 사람들이라 인상이 좋고 발이 가벼운 일행이 한마디 거든다.

"우린 도갑사로 갑니다. 조심해서 가십시오."

온산에 노각나무 꽃이 산길마다 하얗다.

"꽃이 흰 동백 같기도 하고 산목련도 닮았어."

"군복나무."

껍질무늬가 사슴(鹿) 뿔(角)을 닮아 녹각(鹿角), 노각나무가 됐다. 차나무과 큰키나무로 15미터까지 자라지만 생장이 느리다. 중부 이남에 잘 자라고 모과·배롱나무처럼 줄기가 미끈하나 얼룩덜룩한 무늬가 있다. 민간에서는 껍질·잔가지(帽蘭)를 늦가을 햇볕에 말려 간 질환에 달여 마셨다. 수액은 신경통에 물처럼 마시기도 했다. 100여 년 전 미국 식물학자 월슨이 우리나라 구상나무를 가져 갈 무렵 노각나무 종자를 가져가 조경수로 개량했다고 알려져 있다.

물기를 한층 머금은 바위에 양지꽃, 돌 채송화꽃이 싱그럽다. 꿩의 바람꽃도 안개꽃처럼 더욱 흰빛이고 거무튀튀하지 않은 민달팽이 나무줄기에 붙어 있다. 작은 능선 안부(鞍部)를 지나 까만 몸매를 가진 사람주나무를 만난다. 당단풍 · 조릿대 · 광대싸리 · 청미래덩굴 · 노린재 · 신갈 · 쇠물푸레 · 국수나무들과 각시나리, 까치수염도 안개와 어울려 있다.

오전 10시에 하늘로 통한다는 통천문 삼거리(천황사주차장3.4 · 천황봉0.3 · 바람폭포1.1 · 구름다리1.4 · 경포대2.7킬로미터). 자주색 꽃 피운 산수국과 미역줄나무, 10분 남짓 바위 꼭대기 오르면 천황봉(해발 809미터)이다.

통천문

"저쪽이 강진 남해, 4시 방향으로 유달산 서해가 보인다."

"하나도 안 보여."

안개는 자욱하고 이따금 바람이 몰아치니 사방으로 분간이 안 된다. 월출산 최고봉, 족히 수백 명 앉을 수 있는 평평한 바위산이지만 바람 불어 오래 있지 못하겠다. 두 시간이면 도갑사까지 갈 수 있을까?(도갑사5.8 · 구정봉1.6 · 경포대주차장3.6 · 천황사2.6 · 구름다리1.7킬로미터)

"우린 정상, 잘들 올라오고 계시죠?"

"밑에 팀들 구름다리까지 왔어요."

"정자에 두고 온 걸로 목축이시고, 우린 도갑사로 갑니다."

도갑사 나오면서 점심 먹자며 전화기를 닫았다.

바위 오르는 계단 | 기암

도갑사 가는 길, 10시 30분 안개비 내리더니 10여 분 더 걸어 돼지 바위에서부터 비가 쏟아지기 시작한다. 안개와 비 섞인 바위에서 그래도 사진을 찍는데 렌즈에는 벌써 물빛이 맺혀 흐리다. 판초비옷은 입었지만 땀과 비가 섞여 모조리 젖었다. 아래쪽에 음굴이 있고 봄에 빨간 철쭉꽃 멋진 기이한 바위다.

누리장나무 군락지, 통신시설 구간을 지나 10시 50분경 바람재 삼거리(도갑사4.5·구정봉0.5·경포대2.5·천황봉1.1킬로미터). 10분 더 가서 구정봉 장군바위 갈림길, 뒤에 오던 한 사람이 보이질 않아 몇 번 불렀다.

"다시 천황봉으로 가자."

"왜 무슨 일 있어?"

"한 사람 연락이 안 돼서 모두 찾으러 나섰대."

"뭐라고!"

다급한 나머지 몇 번 전화 버튼을 눌러도 불통이다. 비는 억수로 쏟아지고 연락은 끊기고 갑자기 뭔가 잘못 됐다는 생각이 퍼뜩 스친다. 숲길을 이리저리 헤치면서 액정에 보이는 안테나에 위치를 맞췄다.

"여보세요, 여보세요."

"안 들려요?"

"우린 여기서 돌아갈 수 없어. 정상에서 너무 멀리 왔고, 지치고 비도 많이 와서 안 돼."

도갑사에서 오르는 등산로

"모두 그 자리에서 움직이지 마. 흥분하지 말고 구름다리에 기다리고 있어요."

신신당부했다.

결국 사고 쳤구나. 이 악천후에 어디로 갔단 말인가? 단독 행동에 대한 질책보다는 염려가 먼저 앞섰다. 혹시 바위에 미끄러져 떨어지지 않았는지? 별 생각 다 들었다. 그래도 우리는 이곳을 벗어나야 했다. 빗줄기 더욱 세차게 내리붓고 일행은 비옷에 고개를 묻고 가는데 하마터면 갈림길에서 다른 곳으로 갈 뻔했다. 연신 버튼을 눌러댔지만 소용없고 바위능선 길에서 겨우 연락이 됐다.

"교신 됐습니까?"

"예, 만났어요."

"사고 아니죠? 고생했습니다."

"괜찮아요."

휴~ 가슴 쓸어내리면서부터 어떻게 이럴 수 있나 싶었다. 11시 40분 향로봉 근처에 이르니 빗줄기 대신 안개로 바뀌었다. 잠시 짐 내려놓고 모자 비틀어

도갑사 계곡

물을 짜고 신발 끈 새로 맸다. 산은 잠시 마을을 보여주더니 금방 안개로 가려
버렸다. 강진 땅……

10여 분 지나 헬기장, 억새밭에 도착하니 갈림길(도갑사2.7 · 경포대4.3 · 천황
봉2.9킬로미터)이다. 한 참 숨 고르고 계단 내려오면서 보라색 산수국이 거의 내
려왔음을 알려준다. 목적지까지 1.9킬로미터, 물소리 요란한 도갑사 계곡은
콸콸 물이 넘쳐 밧줄을 잡고 건너다 계곡에 풍덩. 12시 50분 규모가 큰 도선선
사 비각에 마주섰다. 도갑사 경내까지는 5분 거리다.

옛날 처녀가 빨래를 하다 오이를 건져 먹곤 아이를 낳자 부모가 부끄럽게 여
겨 버렸다. 비둘기가 먹이를 주면서 보살피므로 신기하게 여겨 데려다 키웠는
데 도선이었다. 비둘기 숲 구림(鳩林)이 여기서 비롯된다. 아이가 영특해서 월
출산 아래 암자에 보내 중이 되게 하였고 출가한 곳이라 하여 암자 터를 도선의
낙발지지(落髮之地)라 한다. 도선은 당나라로 유학, 풍수를 배워 승려보다 풍수
대가로 알려졌다. 우리나라 풍수지리의 역사가 신라 말기까지 거슬러 올라가
는 것도 도선 때문이라는 것. 풍수서 도선비기(道詵秘記)로 유명한 그는 지리쇠

도갑사

왕·산천순역·비보설 등을 주장하였다. 고려의 성립과 고려, 조선대에 이르기까지 많은 영향을 끼쳤다. 무위사, 도갑사는 도선국사가 세웠다지만, 인도마라난타가 영광 불갑사, 무안 원갑사와 함께 삼갑사를 열었다는 얘기도 있다.

용수폭포를 거쳐 경내 구경을 하는데 일행은 벌써 저만치 걸어간다. 대웅전 앞의 오래된 석조(石槽)에 물은 없고 수도꼭지만 겨우 틀어놓았다. 유형문화재로 돌을 파서 물이나 곡물을 담던 것인데 소 여물통 모양이다. 석조에 새겨진 강희(康熙)는 청나라 강희제 연호로 숙종(1682) 무렵이다. 국보 50호 해탈문(解脫門)은 주심포[2]에 다포식[3]을 섞은 것으로 산문(山門)의 귀중한 것이라 한다. 경내는 비가 내려선지 인적이 없다. 웬만한 절집이라면 문화재 관람료를 받으면서도 출입구를 의도적으로 돌려놓거나 통제하는데, 이곳은 절 입구에서부터 등산로 안내판을 시원하게 세워놓았다. 등산객을 배려한 절집은 처음 봤다.

일행의 개인행동에 대해서는 침묵으로 일관했다. 미안했던지 참외를 깎아

---

2) 지붕의 무게를 분산시키기 위해 기둥 위에만 짜임새(공포)를 만든 것.
3) 기둥 꼭대기 외에 기둥 사이에도 짜임새(공포)를 만든 것.

주는데 아무 말 없이 받아먹기만 했다. 도갑사 매표소 입구에 450년 된 팽나무가 할아버지 기품으로 일행을 반겨준다. 비는 멎고 일본문화의 원조 왕인유적지를 두고 차는 달린다. 왕인은 백제 때 영암 군서면 구림리에서 태어나 유학, 경전을 배우고 18세에 오경박사[4]가 됐다. 논어, 천자문을 일본에 전파, 아스카(飛鳥)문화를 일으켰으며 일본의 문화, 예술을 꽃피웠다.

결국 점심은 벌교까지 1시간 달려와서 꼬막정식으로 아쉬움을 달랬다.

"악천후에 개인행동은 자살행위입니다."

탐방길

● 정상까지 3.7킬로미터, 2시간 30분 정도

천황사입구 → (20분)야영장 → (10분)갈림길 → (20분)구름다리갈림길 → (15분)대피소 → (5분)구름다리 → (1시간 10분)통천문 → (10분)천황봉 정상 → (30분)돼지바위 → (10분)바람재 삼거리 → (50분)향로봉 → (10분)억새밭 갈림길 → (1시간 5분)도갑사

* 비 맞으며 8명이 느리게 걸은 평균 시간(기상·인원수·현지여건 등에 따라 다름).

---

4) 백제 때 오경(시경, 서경, 역경, 춘추, 예기)에 통달한 사람에게 준 관직. 오경박사는 역박사, 의박사와 일본에 초빙되어 문화발전에 기여했다.

비밀의 경치 응봉산

정월대보름, 겨울 하늘은 푸르게 시려 더 춥게 느껴진다. 아침 8시 반경 울산에서 자동차로 2시간 정도 걸리지만 중간에 절집에 들러 보름 밥을 먹고 왔으니 벌써 오후 1시가 됐다. 산불감시초소엔 사람대신 입산자 기록부만 남아 있고 온천수 저수조에는 하얀 김이 설설 피어오른다. 추운데 산에 가지 말고 온천에 몸이라도 담갔으면 좋겠지만 마음먹고 왔으니 걸음을 재촉한다.

20분 정도 올라 계곡방향으로 온천장 내려가는 길인데 앞서가던 친구는 벌써 보이지 않고 사진 찍느라 하마터면 모랫재에서 다른 길로 내려갈 뻔 했다. 오른쪽으로 다시 오르는데 황토색 흙냄새와 소나무 향내. 걷기 좋은 소나무 호젓한 오솔길 정겹게 구부러졌다. 얼추 20미터쯤 되는 금강소나무가 호위무사처럼 섰고 계곡너머 서쪽 산에는 해가 만든 실루엣, 햇살과 어우러진 산의 외곽이 부신 듯 흐릿하다.

여흥 민씨 묘지에서 정상까지 3.6킬로미터인데 갈 길이 바쁘다. 군데군데 물통 몇 개씩 산불방지에 쓰려고 놓은 듯하다. 마치 고로쇠 수액통 같지만 비상시 목마른 사람들에게 목을 축일 수 있을 테고, 불도 끌 수 있으니 일석이조

(一石二鳥)라 생각된다. 10분 더 올라가는데 남쪽 경사지에는 줄기 두꺼운 굴참 나무 군락지다. 껍데기 통째로 뜯긴 나무들이 애처롭다. 수십 년 전 피해를 입은 것인지 밑둥치 부분은 오래되어 까맣고 위쪽은 겨우 목숨만 붙어있다.

　과거에는 코르크층이 발달한 굴참나무줄기를 벗겨 바다그물을 띄우거나 표시하는 부표(浮標), 낚시찌 · 방수재료 · 병마개 · 탄약통마개 등으로 다양하게 썼다. 그러나 와인 마개만큼은 아직도 굴참나무 코르크를 채취해서 쓴다. 스티로폼 종류로 바꾸고 있지만 술맛이 못하다는 단점이 있다. 생나무 껍데기를 벗겨 가공한 코르크는 자연을 배려하지 못한 비윤리적이므로 생각해봐야 할 문제다.

　코르크(cork)는 식물의 줄기나 뿌리 부분에 만들어지는 보호조직으로 단열 · 방음 · 전기절연 · 탄력성이 뛰어

코르크층이 발달한 굴참나무

나다. 이베리아반도의 스페인, 포르투갈, 지중해에 상록교목 코르크나무는 따로 있다. 와인을 세워두면 주둥이 부분에 틈이 생겨 맛이 떨어진다. 코르크가 마르지 않도록 눕혀 보관하는데 산화를 막기 위해 산소를 차단하는 것이다.

오후1시 40분 4번 구조지점 팻말 있는 헬기장이다. 정상까지 3.1킬로미터, 10분 더 올라 6번 구조지점엔 소나무가 더 좋다. 보폭을 넓혀 걸으니 땀이 뚝뚝 흐르고 연신 코를 푼다. 알레르기성 비염이 있긴 하지만 격렬하게 운동을 하거나 뜨거운 음식을 먹으면 콧속의 모세혈관이 넓어져 콧물이 자주 나오게 된다. 바위, 돌, 오솔길, 소나무, 진달래, 신갈나무, 각자의 이웃들이 어우러져 자연을 연출하고 있다. 햇볕이 내려 금수강산에 꽃을 덧댄 것처럼 찬란하게 비추니 금상첨화(錦上添花)요, 소나무, 기암괴석에 햇살을 얹어 놓으니 비로소 화룡점정(畵龍點睛)이다. 산 아래 계곡으로 골이 깊어 한바탕 소리를 지르고 싶지만 다람쥐, 텃새, 겨울잠 자는 이 산 주인들을 깨우고 싶진 않다.

"남원산성 올라가 이화문전 바라보니 수지니 날지니 해동청 보라매 떴다
봐라 저 종달새 석양은 늘어져 ~ "

해 기우는 산과 딱 어울리는 노랫가락 한 구절 읊조린다.

무덤 한 개 또 지나자 소나무 껍데기는 확실히 각양각색이다. 나무에 타일
을 붙여 놓은 듯 삼각, 오각, 거북등, 갈라져 잘고 촘촘한 것, 다이아몬드형 등
다양한 예술작품을 마주한다. 오후 2시 무렵, 서산의 해를 막고선 소나무, 그
야말로 곧게 뻗어서 통직(通直)하다. 모자 벗고, 장갑 벗고, 땀 닦고, 코 닦으며
기록하고 바쁘다. 손이 열 개라도 부족할 것 같아 친구에게 지팡이를 건넨다.

걸어온 뒤쪽 바라보니 온천 너머 푸른 동해, 원자력단지가 눈앞에 펼쳐진
다. 흰색 돔(dome)모양으로 만들어진 발전소는 1981년부터 공사비 2조 원 정
도를 들여 1990년 2월에 완공되었다. 한국전력 · 프랑스알스톰 · 한국중공
업 · 동아건설 등이 설계 · 시공했다. 우리나라 전력은 30%를 원자력에, 나머
지는 화력발전소 등에 의존하는데 이곳에서 약13% 정도를 공급한다. 현재 6
기의 상업용 원자로가 가동되고, 앞으로 4기가 추가 건설 중이거나 예정되어
있다. 1978년 양산 고리1호기를 시작으로 20개 정도가 운전중이다. 미국, 프
랑스, 일본, 러시아, 독일 다음으로 원자력 강국이나 유사시 외곽으로 긴급 대
피할 자동차도로가 부족한 실정이다.

2시 15분, 소나무 줄기는 위로 올라갈수록 금빛을 띠는데 10미터 위쪽은 살
결마냥 색깔이 고와서 미인송이다. 거꾸로 선 늘씬한 다리는 햇살 받아 관능
적이다. 정상까지 1.6킬로미터 30분 거리. 길가에 놓인 나무 팻말이 돋보인다.
북사면의 그늘마다 흰 눈이 군데군데 남았는데 어두운 숲의 그늘과 대조적이
다. 확실히 명암이 뚜렷한 겨울 산, 동해를 굽어보는 웅봉산은 산세가 험하다.

응봉산에서 바라본 동해

매사냥을 하던 곳이어서 매봉산, 봉우리가 매를 닮았다고 응봉산(鷹峯山), 가곡산(可谷山)으로도 불린다. 동쪽 기슭에 덕구온천·온정골, 서쪽 덕풍계곡은 폭포와 원시림이 비경이다. 온천에서 원점회귀 구간을 많이 이용한다.

올라가는 왼쪽 봉우리 쳐다보니 매를 닮지 않은 것 같다. 아마도 맨 처음 산 이름 붙인 사람은 매를 다루던 응사(鷹師)가 아니었을까? 보는 이에 따라 주관이 개입됐을 것이다. 기원전 초원에서 시작된 매 사냥은 우리나라는 삼국시대부터, 고려 때 응방(鷹坊)이 있었을 정도로 성했다. 칭기즈칸이 사냥하다 물을 마시려는데 하얀 매가 날아와 손을 쳐서 세 번이나 못 마시자 활을 쏴 죽였다. 나중에 보니 샘물에 독사가 죽어 있었다. 후회한 칭기즈칸은 목숨 구해준 송골매를 국조(國鳥)로 섬겼다. 송골매(송홀)는 흰색 매, 보라매(보로)는 가슴털이 붉은 매, 길들인 사냥매를 수지니, 야생매는 날지니다. 이러한 매들을 아울러 해동청(海東靑)이라 불렀다. 여러 가지 매 이름은 몽골에서 온 것이다. 매봉·응봉의 산 이름은 서울, 인천, 삼척, 남해를 비롯해서 꽤 많다.

두 번째 헬기장에서 눈을 밟으니 오후 2시 20분이다. 10분 더 지나 검푸른 바다가 눈에 잘 들어온다. 얼음으로 덮인 가파른 길 오르기엔 미끄럽다. 눈 쌓인 바닥을 조심스레 딛느라 종아리가 당기지만 넓은 세상이 시원하다. 푸른 물결 넘실넘실 동해를 창파라 부르니 2천여 년 전 울진 파단국(波但國‧波朝國), 강릉의 예국(濊國), 삼척 실직국(悉直國)을 창해삼국(滄海三國)이라 했다. 이들은 자주 전쟁을 벌였는데 실직국이 파단국을 침략하나 예국으로부터 실직국도 공격당해 안일왕(安逸王)은 울진으로 피난하였다. 소광리에 안일왕산성이 있다. 예국은 고구려에, 실직국은 사로국에 합병된다.

2시 45분, 해발 998.5미터 정상에 닿는다. 뒤쪽으로 칼바람이 세차게 불던 어느 한겨울에 왔을 땐 추워서 덜덜 덜 떨었다. 두 팔을 올려 만세를 부르면 1천 미터 되는데 999인가? 양수의 으뜸인 9로 맞추려 했을 것이다. 멀리 서북쪽으로 백암‧통고‧함백‧태백‧검봉산이다. 동해를 보니 원자력단지, 왼

쪽 삼척으로 유류저장소 둥근 지붕이 흐리고 정상 표지판 뒷길은 가곡‧풍곡이다. 주목‧단당풍‧쇠물푸레‧졸참‧신갈‧진달래‧철쭉‧소나무들이 같이 자란다. 여기서 오른쪽 1시간 더 내려가면 원탕(源湯), 2.9킬로미터다.

둘이 번갈아 사진을 찍는데,

"셔터 눌러 드릴게요."

조금 전 만났던 부부다.

두 사람을 위해 나도 몇 번씩 셔터를 눌러 주었다. 산은 올라오는 사람들에게 누구든지 착하게 겸손하게 만들어 준다. 산에 들면 영감[1]을 받을 수 있다.

---

1) 니체도 알프스(생모리츠)에서 집필했다(차라투스트라는 이렇게 말했다).

오후 3시 얼어붙은 눈길 내려가는데 굉장히 미끄럽다. 3시 45분, 붉은 금강
소나무에 멋지다는 소리가 저절로 나온다. 굴참나무 군락을 만나고 길바닥에
반짝이는 것이 석영이라 했더니 운모라 한다.

"반짝이는데 수정 아닌가?"

"유리 같다."

맞다, 아니다. 티격태격하다 더 이상 확전은 자제하기로 했다. 석영(quartz
石英)은 수정, 운모(mica 雲母)는 얇게 벗겨지는 유리에 가까워서 내가 진 것 같
다. 제1헬기장 부근에는 황토색 흙인데 탐스럽다. 민씨묘 지난 4시경 원탕 갈
림길 모랫재에 선다. 바위와 오래된 소나무 능선길이 걷기엔 좋다. 4시 15분
원점회귀. 전체 13킬로미터 3시간 조금 넘게 걸렸다. 먼지떨이 기계 덕분에 흙
먼지 묻은 신발과 옷을 잘 털었다.

3월에 오른 산꼭대기는 울진·삼척 경계지점, 등산길은 삼척 가곡면 풍곡
리와 울진 북면 덕구리 쪽이 대다수다. 우리는 능선을 두고 계곡의 온정골 원
탕 길로 내려간다. 원탕이 중간지점인데 원탕에서 온천입구까지 4킬로미터 정
도다. 급한 경사길 바람에 잔설이 날린다. 멀리 동해는 흐려서 잘 보이지 않고
신갈나무들이 산비탈에 서서 바람을 맞는다. 10시 15분경 대왕소나무라 불리
는 거대한 몸집들의 원시림이다. 어젯밤 비에 잘 씻겨선지 향긋한 솔 내음이
상쾌하다. 숲이 만드는 살균물질 피톤치드[2]다. 심리적 안정감, 말초혈관 단련,
심폐기능 강화, 피부병 예방, 항암, 항산화에 좋다고 알려져 있다. 피톤치드 발
산은 산중턱이 최고다. 내려오면서 숲의 공기를 깊이 마셨다가 천천히 뱉으며
배로 숨 쉰다. 복식호흡이다.

언제부턴가 편백나무는 피톤치드의 상징이 됐다. 일본원산 히노끼(Hinoki)
로 부르는 편백나무[3]에 열광하며 숲 치유의 신성불가침 영역으로 굳혀놓았다.

---

2) 식물의 뜻 피톤(Phyton), 살균의 치드(Cide) 합성어(phytoncide). 테르펜이 숲의 향기를 만든다.
3) 넓적한 잣나무를 뜻하는 편백(扁柏)나무. 줄기는 적갈색이고 잎 뒤에 흰 선이 Y자형이다. 일본 특산으

이는 우리의 정체성 상실과 지나친 상업화에 밀린 것이 아닌가? 다행히 국내 대학에서 소나무 피톤치드 함량이 편백나무보다 높다고 증명했지만 섭섭함이 남아 있다. 소나무에 관심과 애정을 많이 가졌으면 좋겠다.

이쪽 구간은 오르기엔 숨차고 힘들므로 하산 길에 봐야 멋진 소나무를 관찰할 수 있다. 이산에 와 보지 않고서 원시림을 말할 자격이 없다고 생각한다. 산불로 그을린 심재부, 소나무는 속까지 다 보여준다. 10시 45분 넋을 놓는데 어느덧 계곡 물소리에 섞인 새소리다. 진달래 흐드러진 무인지경, 소나무에 1시간 동안 넋을 뺏겼다. 바람은 여전히 모자를 벗긴다. 11시경 포스교. 정상까지 2시간 거리, 내려오는데 1시간 걸렸다. 산괴불, 생강나무 꽃도 노랗게 폈다. 어젯밤 내린 비에 계곡물 넘쳐흐르니 물소리에 귀먹겠네. 바위에서 떨어지는 하얀 물빛, 연못은 마치 온갖 산속의 약초를 달이는 약탕기처럼 부글부글 끓는다. 기화이초(奇花異草)를 달인 누런 보약이다.

11시 10분경 원탕에 닿는다. 고려말엽, 활 잘 쏘는 사냥꾼이 멧돼지를 쫓는데 찾을 수 없었다. 계곡 쪽을 내려오자 따뜻한 기운이 가득하고 화살 맞은 멧돼지가 온천수에 들어갔다 나오니 금방 상처가 나아 달아났다고 한다. 그렇게 발견한 것이 덕구온천이었다. 1970년 이후 본격적으로 개발했지만 교통은 여전히 불편하다. 오히려 접근성이 떨어져 그나마 수질이 덜 변했다.

덕구온천 원탕

섭씨35도 알칼리성으로 피부병, 신경통에 효과가 있다. 여기서 4킬로미터의 송수관으로 온천수를 송출, 아래쪽의 온천탕, 호텔, 콘도 등에 공급한다.

로 1904년 삼나무와 같이 도입. 남부해안 조림수종. 편백·노간주·향나무를 통칭해서 노송(老松)나무로 불림.

1980년 초까지 칸막이 포장만 둘러친 노천탕이었으나 지금은 족욕탕(足浴湯)이다. 5~6시간 산을 돌아 발을 담그니 신선이 된 듯 기분도 날아간다. 웃통 벗고 배불뚝이 자랑하는 몰상식 한 것보다 낫지 않다. 송수관에 손을 얹으니 따뜻하다. 11시 25분 출발, 효자샘에서 물 마시고, 10분 더 내려가서 연리지(連理枝)를 만난다. 하나 된 남녀의 사랑으로 비유해서 흔히 사랑나무로 부른다. 두 나무가 맞닿아 가지가 붙으면 연리지(連理枝), 줄기가 붙으면 연리목(連理木)이다. 바람에 흔들리기 때문에 가지가 이어진 연리지는 잘 보기 어렵다.

"애틋함은 얼마나 남아있나?"

"살기 바쁜데 무슨?"

"나무가 사람보다 낫네. 저렇게 밤낮 없이 붙어살고 있으니……."

11시 45분 모랫재 갈림길(덕구온천·원탕 2킬로미터)이다. 모릿재까지 오르막 0.5킬로미터. 5분 지나서 청운교, 백운교, 취향교……. 곳곳에 간이철교, 철제 난간으로 만들어 놓았는데 볼거리와 편의를 위하는 것은 좋지만 세계의 다리라는 주제도 거슬린다. 이런 아이디어를 낸 공무원들은 애를 먹었을 테고 주변 자연경관과 어울리지 않아서 이질감을 준다.

산조팝나무는 바위에서 새순을 달고 나오려 하고 정오 무렵 용소폭포다. 용이 놀던 폭포라는데 우리나라 어느 폭포든지 용이 살지 않은 곳이 없다. 하늘로 올라간 그 많은 용들은 어떻게 됐을까? 12시 15분 덕구온천 대중온천탕까지 내려왔다. 차를 가지러 다시 아스팔트길 거슬러 오른다. 전체 13킬로미터 12시 30분 원점회귀. 자동차 연료가 바닥나서 부구까지 8킬로미터를 겨우 왔다. 하마터면 견인차를 부를 뻔 했지만 내리막길이라 다행스러웠다.

7시 40분, 덕풍계곡에 아침 안개가 다 걷히지 않았다. 고향산장 주인 심씨네 형님은 이곳에서 태어나 여러 해 도시로 전전하다 정착했다. 등산객을 상대

덕풍계곡

로 민박과 안내자 역할도 한다.

"차가 없던 시절엔 대여섯이 어울려 계곡으로 응봉산 넘어 덕구까지 걸어 다녔어."

"그랬었군요."

계곡에 물이 불어 멀리 올라가지 못할 것이라고 일러준다. 20분가량 앉아 안부 얘기며 커피 한 잔 마시고 우린 산으로 걸어간다.

계곡 물소리, 4월 초순이니 진달래, 개나리, 벚꽃 활짝 폈다. 강둑의 들길 따라 풀냄새 상큼 정신이 맑다. 똘복숭아로 부르는 개복숭아 분홍 꽃. 어디서 많이 들어본 새소리다. 궁국, 궁국, 궁국~.

8시 10분, 바위에 산조팝나무, 진달래, 소나무, 계곡 바위 물소리와 산비둘기 소리 섞여서 난다. 참회·회양목·노간주·국수·층층나무, 자생하는 회양목은 잘 보기 어려운데 인연이 닿았다. 직경 5센티미터는 족히 넘을 것이다. 바위와 물길 경계에 돌단풍이 흰 꽃을 피웠고 병꽃나무는 초록색 봉오리 겨우 만들었다.

산조팝나무, 돌단풍 최대 군락지다. 진달래 온 산천 붉게 물들였고 여기는 선계(仙界)다. 수렴동·백담사 계곡보다 낫고, 삼척의 무릉계보다 훌륭하다. 조금 더 오르니 웅장한 물소리. 바위로 떨어지는 폭포의 물보라가 날려 얼굴을 적신다. 나뭇잎 둥둥 떠다니고 바람은 연못에 파문을 그린다. 8시 40분, 왼쪽 바윗길로 올라가려다 절벽으로 피난도로 진입금지 푯말이다. 아마도 물이 범람하면 대피하는 길일 것이다. 층층·개박달나무, 생강나무는 꽃과 잎이 같이 달려 있다. 버들치, 산천어가 살고 연못은 에메랄드 빛 차가운 기운이다. 첫 번째 못에서 두 번째까지 한 시간가량 걸리는데 병풍을 친 듯 석벽이 소나무와 어우러졌다.

9시경 돌단풍 꽃들이 뽐내고 있지만 한 달 지나면 산조팝 꽃도 장관을 이루겠다. 물가의 나뭇가지마다 새둥지처럼 덤불을 둥글게 달고 있다. 강물이 범람해서 지푸라기 걸린 것들이다. 비상대피 계단이 있던 이유를 알겠다. 지리산·설악산 계곡과 겨루는 곳이나 장마철에는 물이 넘치므로 위험하다.

뒤따라오다 부른다.

"동물 뼈다."

기슭에 하얀 두개골인데 물이 넘쳐 떠 내려왔거나 미처 피하지 못하고 죽은 것 같다. 어쩌면 산양일지도 모른다.

갯가의 두릅나무 순 몇 개 따고 몇 개는 남겨 두고 간다. 다래나무 순은 너무 어리다. 군데군데 모래에 붙어사는 자주색 꽃은 현호색이고 노란 것은 산괴불주머니다. 폭포 오르는 길엔 실사리, 돌단풍이 어울려서 자란다. 작은 연못을 몇 개 지나왔는데 용소라고 표시돼 있다. 모두 아름답고 빼어난 경관이니 제1·제2·제3용소 등 무의미한 이름을 붙이기보다 차라리 그냥 두는 게 낫겠다. 계곡마다 작은 못이며 소(沼). 풍곡지역은 오르기 어려운 구간으로 정상까

용소

지 5~6시간 걸린다.

신라 의상대사가 화엄사상을 전파하러 이 먼데까지 왔는지 모르지만 나무 기러기를 만들어 풍곡에서 날렸는데, 계곡에 떨어져 용이 하늘로 오르고 절벽 사이 못이 생겨 용소(龍沼)라는 것이다. 난리 때는 피난처였다. 어디를 가도 의상대사와 연관되지 않은 것이 없다. 거룩한 대사께서는 왕실의 후원을 받아 유학을 다녀왔으니 전국적으로 안 가본 곳이 없었는가 보다.

9시 반에 만나는 연못은 내 키보다 깊겠다. 깊은 곳은 수십 미터다. 물길을 바라보니 하늘이 떠 있고 절벽에 진달래, 박달나무껍데기는 한껏 갈라졌다. 강 같은 계곡이라는 표현이 맞겠다. 옛날 집터에 돌배나무, 감나무가 오래된 주인인데 신갈나무 고목이 강가에 버티고 섰다. 강을 이리저리 건너고 물소리도 여전하다. 하도 시끄러워 귀먹은 바위, 오죽했으면 농암(聾巖)이라 했을까? 신발 벗고 강을 건너니 발이 시려 팔짝팔짝 뛰었다. 흐르는 계곡물 마시며 가도 가도

얼굴 닮은 바위산

물살에 둥글어진 바위

끝없는 계곡, 10시다. 바위를 건너다 미끄러져 그만 등산화 다 젖었다. 버들강아지도 잎을 틔웠는데 강가의 소나무 줄기는 물길에 쓸려 한 쪽이 모두 닳았다.

11시경 곧게 뻗은 오래된 소나무가 홀로 섰다. 용케 견뎠군. 덕풍계곡, 가곡 일대 소나무는 재질이 좋아 삼척목이라 해서 경복궁 재건 대들보로, 일제 강점기 때는 수탈해 갔다. 이 산중에 철도 레일이 물길에 휘어져 녹슨 채 뒹굴고 앞에는 매바위라 하지만 얼굴 닮은 거대한 바위산이다. 얼마나 오랜 세월 물로 씻었으면 저렇게 매끄러울까? 둥근 암반이 목욕탕처럼 생겼다. 사람이 문질렀다면 수백만 년 걸렸을 것이다.

일제는 1930~40년대 이곳에서 소나무를 수탈하기 위해 산림궤도를 놓고 호산항구를 통해 일본으로 가져갔다. 목재는 수송선과 도시의 목조건축을 짓는데 주로 썼다. 1896년 미국이 경인선 부설권을 얻었지만, 일본에게 팔아넘겨 이듬해 경인선 철도가 완공됐다. 경부선, 경의선을 비롯해 대부분 철도는 일제에 의해 대륙침략과 자원수탈을 위해 설치되었다. 오래된 석축이 있는 걸로 봐서 계곡 기슭으로 궤도를 깔고 소나무를 베어 날랐을 것이다. 잠시 발걸음 멈추니 물소리밖에 없다. 달뿌리풀 바람에 흔들리고 투명한 물속에 나뭇잎 이리

산림수탈에 썼던 레일

도마뱀

저리 몰려있다. 바위의 도마뱀은 사진을 찍어도 꿈쩍 않는다.

박달·서어·신갈·소나무, 진달래는 만발해 온산이 붉다. 11시 20분 오른쪽 바위에서 내려오는 실폭포를 만난다. 정오. 미끄러져 돌과 같이 뒹굴어 하마터면 큰일 날 뻔했다. 이정표도 없는 협곡의 끝은 어디인가? 계곡물 채우며 마시고 본격적으로 산에 오를 준비를 한다. 드디어 이정표가 나타났다. 바로 가면 소광리 10킬로미터, 4시간 거리. 왼쪽으로 응봉산 2킬로미터, 2시간 거리다. 우리가 걸어온 것도 4시간, 12킬로미터는 될 것이다. 소광리 가는 계곡 쪽으로 햇살에 물이 눈부시다.

깎아지른 왼쪽 바위로 떨어지는 물길 따라 밧줄을 잡고 오르는데 개구리 알이 낙엽 뜬 물에 보인다. 가파른 바위산길 오른쪽 암반을 따라 흘러내리는 폭포 바위에서 도(道) 닦기 좋으련만 20분 더 오르니 물소리 사라졌다. 불타서 까만 그루터기 따라 올라 신갈나무 숲이다. 추위선지 새싹은 돋지 않고 아직도 황량한 겨울 닮은 산. 500년가량 되는 소나무들이 나타나고 굴참나무 지나자 겨우살이도 붙어산다. 남쪽으로 기운 산길에 햇살이 따갑지만 솔가지 사이로 바람소리 거세다. 내륙에서 동해로 부는 바람이다.

원래 높새(북동)바람은 북동풍이 태백산맥을 넘으면서 기온이 낮아져 응결된 수증기 구름이 정상에 비를 뿌리고 서쪽으로 내려갈 때 고온건조 해지는 바람이다. 지금은 산꼭대기에서 기슭으로 내리 부는 고온건조한 모든 바람을 일컫는다. 로키산맥의 치누크, 알프스는 푄, 우리나라는 높새바람이다. 푄(foehn 熱風)은 알프스 지방 이름이다.

어느 해였던가? 푄에 대해 설명하는데,

한 학생이

"프라이팬"이라고 한다.

우스개라고 하기도 그렇고 기발한 생각이라는 것도 그렇고 아무튼 통하는 무엇이 있었다.

"뜨거운 프라이팬의 열기 같은 것이다."

봄철 강풍은 중국에서 오는 뜨거운 편서풍이 태백산맥 협곡의 좁은 통로를 지날 때 공기가 압축되면서 바람이 세진다. 오늘처럼 서풍이 불 때 고온건조해서 큰 불이 날 수 있다. 우산이 휘어질 만큼 부는 초속 20미터 이상의 강풍이 몰아치는데 양양·강릉의 돌개바람을 양강지풍(襄江之風), 눈이 많은 통천·고성을 통고지설(通高之雪)이라 한다. 우리나라 최대 규모인 2000년 동해안 산불은 고성에서 울진원전 코앞까지 모두 태웠고 2005년엔 낙산사일대를 다시 태웠다.

새로 1시가 되자 대단한 소나무가 반긴다. 밑 부분은 검은색, 위로 붉은 빛을 띠는 귀한 솔이다. 잠시 지나 700년쯤 되는 대왕소나무 대여섯 그루가 발길을 잡는다. 오후1시 10분경 도계(道界) 삼거리 팻말에서 숨고르기로 했다. 왼쪽 구수곡 자연휴양림9.9·응봉산0.6·소광리금강송숲13·용소골,덕풍마을13킬로미터 거리다. 소광리 5시간 30분, 덕풍마을 6시간 걸린다.

신갈나무 숲에 드문드문 피나물 노란 꽃이 앙증맞게 몇 송이씩 올라왔다.

얼레지

바위에 붙은 소나무

참나무겨우살이는 남사면에 집단적으로 많고 간혹 북쪽에도 자란다. 오후 1시 20분 응봉산 정상 999미터이다. 날씨는 좋은데 곧바로 덕풍마을 이정표를 따라 20분 내려가니 알록제비꽃 드물게 잎을 드러내고 참나무 숲에서 분홍빛 얼레지 꽃이 폈다. 이 산중에 아무도 봐 주는 이 없는데 홀로 잘 피었다. 족도리풀, 제비꽃도 친구들. 잠시 후 얼레지 군락지다.

낙엽에 푹푹 빠져 걷는 길 힘들지만 병아리 닮은 생강나무 꽃이 위로해 준다. 오후 2시경 쉬어갈 자리 마땅찮아 산길에 앉아 김밥, 쑥떡으로 배고픔을 달랜다. 물이 부족할 것 같아 목만 적셨다. 덕풍마을 가는 산길은 무인지경, 소나무, 참나무 섞여 자라는데 금강소나무가 일품이다. 2시 40분경 갈림길 지날 때 진달래 꽃 맛이 봄맛이다. 왼쪽은 덕풍마을, 오른쪽은 사곡으로 가는 길 뒤 돌아보니 우람한 소나무 가지사이 응봉산 정상이 잘 보인다.

오후 3시, 외진 산중에 친구는 힘 드는지 걸음이 느리다. 물박달·박달·참나무림에 겨우살이만 푸른빛이고 이파리는 봄인데도 아직 나올 생각을 않는다. 20여 분 지나면서 길 왼쪽 돌에 뿌리박은 소나무가 걸작이다. 능선 따라 걸을수록 첩첩산중, 절벽의 노송(老松)은 세 갈래 가지를 늘여 서쪽 산 바라보는데 우람한 가지에 힘이 느껴진다. 3시 40분경, 거대한 신갈나무 지나고 무덤이

반가운 건 거의 왔다는 것 아닌가? 계곡으로 내려갈 수 있어 다행이다. 수피가 황금색인 특이한 소나무에 눈을 떼기 어렵다. 여기저기 짐승들의 배설물이 쌓여있다. 고라니, 산양, 토끼들일 것이다. 길도 잘 보이지 않고 그나마 겨우 생긴 길 위로 경사가 급해선지 위쪽에서 흘러내린 흙더미에 몇 번씩 미끄러진다. 잘못하면 아래로 굴러 떨어질 것이다. 긴 계곡아래 유난히 눈에 띄는 식물을 보고 호기심이 발동한다. 감자 잎을 닮은 미치광이풀, 검은색 종모양의 꽃을 달았다. 서북사면 계곡 1킬로미터까지 군데군데 군락을 이루며 산다. 그야말로 심산유곡에 사는 풀이다.

오후 4시경 사람이 다니지 않은 경사진 산길로 낙엽에 또 발목이 빠진다. 뒤따라오다 뒤로 처졌다.

"야 아~"

불러보니 계곡이 울리고 산돌배나무 꽃이 하얗다.

"미끄러져 못가겠다."

"다 왔다."

일행이 힘들어 할 때 위로하는 나의 립 서비스(Lip service)다.

정말 다 내려왔네. 아침에 유난히 많던 산조팝나무를 만나고 드디어 계곡이

길옆에서 만난 성황당

보인다. 생강·물푸레·다래나무도 물소리도 반갑다. 고사리·다래·생강·
취나물 새순들이 봄볕에 여리다. 묘지(羽溪 李氏)를 지나자 이제부터 길이 좋다.
주차장도 보이고 오후 4시 반, 출발지점으로 돌아왔다. 개나리, 복숭아꽃이 아
침보다 더 만발하고 햇살이 좋아서 산골 정취가 새롭다. 계곡을 거슬러 올라
응봉산 정상, 긴 능선을 타고 내려오는데 거의 19킬로미터 8시간 30분 걸렸다.

　병풍을 두른 강원도 산마을 달리면서 길옆의 성황당을 만난 것은 또 하나의
즐거움이었다. 퇴락했지만 정갈스런 당집을 요모조모 살피는데 오래된 소나
무가 오히려 주인 같았다.

　"소나무가 터줏대감이야."
　"우리는 누가 주인이지?"
　"……."

● 덕구온천(정상까지 5.1킬로미터, 1시간 45분 정도)

산불감시초소 → (20분)모랫재 갈림길(원탕)→ (20분)헬기장 → (35분)노송지대 → (5분)헬기장 → (25분)정상 → (1시간 15분)모랫재 갈림길(원탕) → (15분)산불감시초소

● 원탕·계곡(정상에서 온천·초소까지 7.3킬로미터, 2시간 30분 정도)

정상 → (15분)노송지대 → (55분)원탕 → (25분)연리지 → (10분)모랫재 갈림길(능선) → (30분)덕구온천 → (15분)산불감시초소

● 덕풍계곡(정상까지 13.6킬로미터, 5시간 40분 정도)

계곡입구고향산장 → (1시간 50분)제2용소 → (1시간 30분)노송 → (20분)실폭포 → (10분)소광리·응봉산갈림길 → (1시간 30분)노송지대 → (10분)삼거리팻말(도계) → (10분)정상 → (1시간 20분)사곡 갈림길 → (40분)바위소나무 → (20분)신갈나무고목·무덤 → (20분)계곡입구 민박집

* 덕풍계곡구간 전체 약 19킬로미터, 8시간 20분 정도 걸음(기상·인원수·현지여건 등에 따라 다름).

어머니의 치맛자락 지리산

화엄사 · 노고단 · 피아골 · 뱀사골 · 히어리 · 쌍계사 · 칠불암 · 접골목 · 세석산장
불일폭포 · 불일암 · 청학동 · 지리산 일출 · 제석봉 고사목 · 신경준 산경표 · 천왕봉

지리산(智異山)!

이름조차 벅차고 가슴 설레는 그 무엇이 있다. 동쪽으로 산청, 북으로 남원 · 함양. 서쪽이 구례, 남쪽이 하동. 백두산에서 흘러왔다고 두류산(頭流山), 신라 오악의 남악으로 어리석어도 오래 머물면 이치를 깨닫게 된다 해서 수많은 사람들이 숨어들었다. 삼신산[1] 가운데 방장산(方丈山)이라 한다. 1967년 지정된 국립공원1호다. 천왕봉 · 반야봉 · 노고단의 3대 주봉을 비롯해 1,500미터 넘는 봉우리도 열 개 이상 된다. 피아골 · 뱀사골 · 화엄사 등 수십 킬로미터에 이르는 계곡과 동쪽은 남강, 서쪽은 섬진강이 흘러간다.

오전 5시 50분, 남원 인월 버스정류소 근처에 예약해 둔 개인택시가 먼저 와 있다. 백무동까지 2만 원, 화엄사까지 5만 원이라는데 우리가 타고 간 차는 두고 고불고불 산길을 30분가량 달려서 6시 30분 마한시대 성(姓)이 다른 장수 세 명이 지켰다던 성삼재에 도착한다. 택시요금 3만 5천 원. 공원초소를 지나 올라가는 길옆으로 병꽃 · 쇠물푸레 · 신갈 · 산목련 · 산딸기 · 미역줄 · 국

---

1) 삼신산(三神山)은 발해만 동쪽의 봉래산 · 방장산 · 영주산. 신선과 불사약, 궁궐이 있다고 함. 봉래산은 금강산, 방장산은 지리산, 영주산은 한라산을 일컬음. 묘향산을 더해 4대 신산(神山), 구월산까지 5대 신산이라고 불림.

노고단

수·굴피나무……. 물건을 실은 차가 부릉부릉 지나가니 먼지와 매연이 숨쉬기 불편하게 한다. 조릿대, 산목련 군락지다. 철쭉꽃이 만발한데 7시 10분경 대학학술림과 노고단대피소(노고단고개0.4·천왕봉25.9·반야봉5.9킬로미터)근처에는 역겨운 냄새들이 진동한다. 여기서 화엄사까지 5.8킬로미터다.

　구례 마산 황전리에 있는 화엄사는 백제 성왕 때 세워 인조 무렵 다시 지었다. 임진왜란으로 모두 불타 승려들도 죽었다. 왜구가 범종을 가져가려 섬진 강을 건너다 빠졌다고 전한다. 통일신라 때 만들어진 우리나라 최대 규모의 6미터쯤 되는 석등과 백일홍나무가 잘 어울리는 천년 고찰이다. 해질녘 산자락에 울리는 종소리가 멋스럽다. 10분 더 걸어서 해발 1,440미터 노고단(老姑壇)고개 종주시점. 노고단은 화랑의 수련장으로, 제단을 만들어 산신제를 지내던 곳으로 도교적 이름이다. 할미단, 할미는 국모신(國母神)이라는데 글쎄……. 큰 산의 뜻인 한뫼에서 유래된 것 아닌가? 발음으로 굳어져 할미로 변하고 나중에 유식하게 한문으로 표기하다 보니 노고단이 된 것이다.

　어느 여름날 들른 화엄사는 연분홍 백일홍이 만발했다. 각황전(覺皇殿) 앞의 석등도 활짝 핀 꽃처럼 한때는 활활 타올랐을 것이다. 국보인 석등은 기둥을 이루는 간주석이 팔각 대신 북처럼 생긴 고복형(鼓腹形)이 특이하다. 불가에선 밥을 지어 올리거나 먹는 일을 공양(供養)이라 하는데 도(道)를 이루기 위해 먹는다는 것이다. 나물과 밥 한 그릇으로 점심, 산해진미가 부끄러울 뿐 무채색이니 욕심 버리기 좋고 몸을 지탱하기 위한 최소의 음식이라는 것을 배웠다. 그때 화엄사에서 노고단, 다시 화엄사로 내려갔는데 8시간 걸렸다. 화엄사계곡은 여름 산행에 최고다. 여름날 무넹기로 올라와 집선대에서 노자의 상선약수(上善若水)²)를 알았다. 물은 언제나 낮은 데로 흘러 빈곳을 채우니 물과 선은 하나. 제일 좋은 것(最高善)은 물과 같다 했으니 신선이 따로 있겠는가?

멀리 지리산 남쪽으로 흐릿하게 산 아래 세상이 가까웠다 멀어진다. 오늘 좋은날 5월 23일 토요일, 철쭉꽃은 만발하고 둥굴레, 나리, 관중의 무리들은 고향인 듯 저마다 넋을 놓고 사람들 맞아준다. 연하천대피소에서 잔다는 가족들과 만났는데 서로 사진을 찍어주면서 반갑게 인사를 나눴다. 네 명의 가족들이 마음을 합쳐 이른 시간에 산으로 왔으니 부럽다는 생각이 든다.

오래된 노각나무를 지나 산목련 군락이다. 병꽃·딱총·미역줄거리나무를 스치면서 고개 들어 멀리 바라보며 땀을 닦으니 골골이 첩첩산중, 긴 산줄기 파랑새 소리 자꾸 따라온다. 8시쯤. 발아래 두메부추인 듯 한 쥐오줌풀이다. 돼지령 헬기장(노고단고개 2.1·반야봉3.4·피아골삼거리0.7킬로미터) 걸으면서 마타리, 노린재나무, 당단풍, 산오이풀……. 산돼지가 뿌리를 좋아하는 원추리·둥굴레는 잘 보이지 않는다. 남해쪽 산 아래는 쌍계사 계곡이리라. 어느 해 봄날 매화꽃 핀 나무집에서 친구들과 굴, 재첩국을 먹던 일이며 밤새 노래 부르던 날이 먼 산줄기만큼 벌써 아득해 졌다.

신갈나무 아래 멸가치를 지나고 쇠물푸레 꽃을 보면서 어느덧 8시 반 임결

_____
2) 노자 도덕경 제8장.

화엄사

노각나무

령이다. 구상나무, 붉은 병꽃나무, 족도리풀……. 조선 산적 임걸(林傑)이 산을 넘나들던 보부상과 심지어 지리산 절집까지 털며 다녔다는 임걸령 고갯길은 오르기 힘들다. 남쪽 아래로 피아골인데 옛날 이 일대에 피밭이 많아 피밭골, 피아골이 되었다. 여순사건·6·25전쟁 등 현대사 격동기마다 많은 사람들이 목숨을 잃었다. 피아골 단풍이 진한 것도 핏빛을 뿌렸기 때문일까? 이곳에선 10월 단풍제를 지낸다지만 섬뜩한 이름이 됐다. 한편, 피아골 깊은 골짜기에 씨받이 마을(種女村)이 있었는데 아들 낳지 못하는 집에 팔려가 아이 낳는 것을 생업으로 한 여자를 종녀(種女)라 했다. 아들 낳으면 혈육의 정을 끊었고, 딸을 낳으면 다시 씨받이로 대물림했다는 전설이 있다.

　노루목(498미터, 노고단고개4.5·천왕봉21·반야봉1·삼도봉1킬로미터)을 지나고 우리는 반야봉에 들렀다 삼도봉으로 가기로 했다. 곤드레 나물도 걸음을 더디게 한다. 9시경 반야봉 삼거리에 짐을 내려놓고 반야봉 오른다. 0.8킬로미터 거리인데 어차피 다시 내려와서 거쳐 가야 할 지점이다. 어수리나물을 씹으니 줄기에 물이 나오는데 잎은 텁텁해 목이 마르다. 철계단 지나 제주도와 덕유산 이남에 자라는 구상(鉤狀)나무를 만난다. 바늘모양 돌기가 갈고리처럼 꼬부라졌대서 붙은 이름인데 유럽에서는 한국전나무(Korean Fir[3])로 부르며 최고의 크

───

3) 전나무. 소나무 과(科)의 바늘잎 키 큰나무를 통칭하기도 함.

반야봉

구상나무

리스마스트리로 친다.

　20분 더 올라 해발 1,738미터 반야봉(般若峰)이다. 산스크리트어 프라즈나(prajna)를 음역(音譯)한 반야의 뜻은 깨달음, 만물의 참 모습을 환히 아는 것, 온갖 번민에서 벗어나 성불에 이르는 마음의 작용이라 하였다. 지리산의 이름도 이와 무관치 않으니 반야봉이 지리산의 상징이라 해도 지나치지 않으리라……. 여기는 지리산 모든 봉우리를 바라볼 수 있는 곳으로 우리밖에 없다. 성삼재와 노고단 안테나가 보이고 반야심경을 외울 정도로 조용하다.

　가는 빗줄기 내리는 산길. 보통 지리산 종주(縱走)산행[4]은 노고단에서 천왕봉까지 30킬로미터 정도, 성삼재에서 천왕봉, 중산리로 내려가는 주능선만 해도 50킬로미터, 어머니 치맛자락 같은 둘레도 320킬로미터 넘는 대장정의 거리다. 반야봉 오르막은 바윗돌이 험해 이 구간은 그냥 지나치기 쉽다. 배낭 둔 곳으로 내려가는데 입을 벌리고 걸으니 하루살이들 때문에 캑캑거린다. 마가목을 두고 9시 40분 다시 반야봉 삼거리 능선길 합류지점이다.

---

4) 봉우리를 연결하여 산 등줄기를 따라 등산하는 것. 먼 거리이므로 물, 식량, 장비, 야영, 등산기술 등 치밀한 계획이 필요. 백두대간 종주산행이 일반적임.

호랑버들

　호랑버들, 송이풀과 헤어지자 숲길 옆에서 자는 사람들이 부럽다. 저렇게 눈 좀 붙이고 가면 좋으련만 빨리 걷고 싶은 생각이 가만두질 않는다. 10시. 삼도봉(1,499미터, 천왕봉20·노고단5.5킬로미터)에 사람들이 많다. 전북·경남·전남이 천지인(天地人) 하나 됨을 기리기 위해 삼각모양의 황동표지를 세웠다. 지금까지 얼마나 하나가 되었는지 모르겠지만……

　바위에 앉아 잠시 쉬는데 반야봉이 우리를 굽어보고 있다. 물 한 잔으로 목을 축이며 길게 뻗은 산줄기 따라 사스래·물푸레·신갈나무·조릿대를 스쳐 걷는다. 10시 30분경 하동 화개와 남원 산내 장꾼들이 물물교환 하던 고갯마루 화개재(노고단고개6.3·연하천매표소4.2·반선9.2킬로미터)에 닿는다. 북서쪽으로 구불구불한 뱀사골은 반야봉에서 남원 산내 반선리까지 10킬로미터 넘는 골짜기로 기암절벽 너럭바위, 폭포가 줄을 잇는 절경으로 꼽는다. 칠월칠석이면 절에서 뽑힌 중이 바위에서 기도하면 신선이 된다는 것, 이를 기이하게 여긴 대사가 옷에 독을 묻혀 놓는다. 밤이 되자 연못에서 이무기가 나와 중을 덮쳤지만 이무기도 죽었다. 1년에 한 번씩 절에서 인신공양을 한 것이다. 신선바위가 있던 마을은 반쪽신선이 됐다고 반선리가 되고 뱀처럼 굽어 흘러서, 승천하지 못한 이무기, 뱀이 죽었대서 뱀사골로 부르게 되었다.

뱀사골

말오줌대 길옆으로 늘어섰다. 30분 더 걸어 토끼봉 지나니 물통은 벌써 비었고 목이 마르다.

"토끼봉, 토끼가 많이 나오는 곳인가 봐."

"글쎄."

"⋯⋯."

반야봉을 기준으로 동쪽인 토끼 방향(卯方)이기 때문에 토끼봉이라고 불렸다. 지도에는 샘이 있었는데 연하천까지 아직 3킬로미터 남았다. 1시간 거리 아닌가? 토끼봉 내려서 장터목산장 너머 천왕봉을 이정표 삼아 걷는다. 산

연하천 대피소

조팝, 마가목이 반갑지만 또 목마르고 무릎에 부담이 간다. 11시 45분 드디어 연하천대피소에 왔다. 벌컥벌컥 샘물 몇 바가지 마셨다. 물병에도 가득 채우니 살 것 같다. 이곳에는 습기가 많아선지 그늘도 시원하다. 정오 무렵 갈림길(음정7.5・벽소령2.9・연하천대피소0.7킬로미터)인데 그야말로 산의 세계다.

벽소령 2.4킬로미터 앞두고 바위에 앉아 점심. 오후1시 다시 일어서 20분

쯤 바위산인 형제봉(노고단12.6 · 벽소령대피소1.5 · 세석대피소7.8 · 장터목대피소 11.2킬로미터)에서 피나무, 조릿대, 히어리를 만난다.

히어리(Korean winter hazel)는 우리나라 원산으로 조록나무과, 히어리속. 잎은 어긋나고 둥근모양의 밑은 심장형이다. 가장자리에 톱니가 있으며 잎 양면은 매끈하다. 3월 하순에 노란 꽃이 꼬리처럼 늘어져 달리고 지리산을 중심으로 전라남

지리산 히어리

도에 자란다. 개나리, 산수유, 다음으로 봄을 알리는 꽃. 일제강점기 일본인 우에키가 송광사 근처에서 꽃잎이 벌집 밀랍처럼 생겼다 해서 납판(蠟瓣), 송광납판화, 조선 납판화로 불렸으나, 해방 후 순천지역 방언 히어리가 정식 이름이 됐다. 시오리마다 볼 수 있대서, 햇살에 꽃이 희다는 등 여러 얘기가 있다. 뱀사골, 쌍계사 환학대(喚鶴臺) 숲길에서도 만날 수 있다. 산청 웅석봉이 군락지다. 1~2미터까지 자란다.

옛날 형제가 귀신을 뿌리치기 위해 등을 맞대 도를 닦다 굳어져 바위가 되었다 한다. 돌문을 지나고 시닥나무, 산아그배나무. 지리산 종주구간의 중간지점인 벽소령대피소(노고단14.1 · 연하천3.6 · 세석6.3 · 천왕봉11.4킬로미터)는 1시 50분경 바쁘게 지나친다. 푸를 벽(碧), 밤 소(宵), 밤하늘의 별과 달이 하도 맑아 푸른빛을 띄우므로 그야말로 벽소령(碧宵嶺)이다. 산 아래 내려서면 쌍계사 계곡에 닿을 것이다.

오늘밤 숙소 세석산장 도착을 위해 오후 2시까지 벽소령 통과해야 한다. 이미 지나온 연하천대피소 방향으로 오후 3시 도착해야 산장을 이용할 수 있다.

벽소령 가는 바위문

벽소령

시간이 정해져 있으니 어떻게 발길이 바쁘지 않으랴. 산아그배나무 하얀꽃이 피었는데 가시가 다닥다닥 붙어있고 바위벽에 커다란 말벌집이 달렸다. 흙으로 빚은 부처인 소조불(塑造佛)처럼 생겼다.

말벌집

명선봉과 벽소령에서 내려가는 화개장터 쌍계사 쪽으로 지리산토벌대 차일혁에 최후를 맞었던 빨치산[5] 남부군 사령관 이현상의 아지트가 있던 곳이리라. 그는 금산출신으로 북에서조차 외면당하며 끝까지 버틴 외로운 늑대였다. 1948년 여순 반란군을 이끌고 지리산에서 6여 년 걸쳐 유격투쟁을 벌었다.

8세기 성덕왕 무렵 세운 하동 화개의 쌍계사(雙磎寺)에는 최치원이 쓴 진감선사 비문과 김수로왕이 왕자를 위해 지었다는 칠불암(七佛庵)이 있다. 아궁이에 불을 때면 방 전체가 금방 데워지는 아(亞)자형 온돌방(亞字房)이 유명하다.

어느 여름날 들른 칠불암은 칠불사로 변신했고 아자방도 수리를 하는지 철

---

5) 불규칙하게 전투(遊擊戰)하는 비정규군. 6·25 전쟁 전후 활동했던 공산 게릴라(러시아어 partizan).

아자방

제빔이 험상궂게 놓여있었다. 어쩌랴? 쌍계석문(雙磎石門)을 최치원이 쇠지팡이 철장(鐵杖)[6]으로 새겼으니 어찌 탓하랴만, 옛 맛은 사라지고 세속화·상업화로 화려의 극치가 됐다. 그래도 가락의 왕비에 의해 불교가 처음 왔던 곳 아닌가? 쌍계사는 달마 선문 육조 혜능의 정상(頂相)[7]을 모셨으니 선찰(禪刹), 진감선사가 팔음(八音)[8]률로 범패(梵唄)[9]를 처음 열어 불교음악 시작이 이곳이다. 흘러내리는 물줄기를 넘어 선과 범패를 아울러 쌍계(雙磎)라 했으니, 선현들의 은유적인 작명실력에 어떻게 감탄하지 않겠는가?

신갈나무 벌레집을 만난 건 오후 2시 5분. 털취·병꽃·산목련·말오줌대·철쭉·조릿대·미역줄거리·삿갓나물·지장보살, 이 높은 산에 호랑버들 잎이 두껍다. 헷갈리는 사스레나무와 고채목을 비롯해서 부게꽃나무, 시닥나무, 모데미풀·말발도리·히어리·터리풀·제비꽃·산앵도·마타리·뻐꾹나리·동의나물·꿩의다리·기생꽃·각시제비꽃·이질풀·승마·각시취·수리취·사초·박새, 애기나리보다 큰풀솜대……. 여기 식물 공화국의 임금님은 단연 기생꽃이다. 흰 저고리 꽃잎에 노란 분을 찍은 듯……. 야래향(夜來香)이던가? 그 향기 지금도 아찔하다.

6) 헌강왕에 의해 새겼는데 철장서(鐵杖書)로 불린다. 중국에선 화개별유천지(花開別有天地)로 일컫는다.
7) 고승의 초상화, 상반신과 전신상이 있다(윤소희, 범패의 역사와 지역별 특징).
8) 여덟 가지 재료에 따른 악기 분류. 쇠(金)·돌(石)·명주(絲)·대(竹)·바가지(匏)·흙(土)·가죽(革)·나무(木). 곧 편종(編鐘)·석경(石磬)·비파(琵琶)·소(簫) 또는 퉁소(洞簫)·생황(笙簧)·훈(塤)·장고(杖鼓)·박(拍)이다.
9) 석가의 공덕을 찬미하는 노래. 회심곡 등

쌍계사 대웅전 앞 진감선사 탑비

쌍계석문

"기생 꽃 이름이 좋아."

"한량에겐 기생이 딱이지."

"시와 그림에다 섬섬옥수로 가야금을 타면 환상적이다."

첩첩 산이 보이는 곳에 앉아 쉬고 있다.

"행님 내일 몇 시에 가면 돼요?"

"오후 1시에 중산리로 올 수 있어?"

산청 생초에 사는 후배의 전화기 목소리다.

"고마워. 쉬지도 못하게 해서 미안해."

개별꽃, 어수리를 쳐다보다 어느덧 덕평봉인 선비샘(세석산장3.9 · 벽소령2.4

선비샘 앞, 하늘에 닿은 산

칠선봉

킬로미터)이다. 옛날 천대와 멸시를 받던 화전민이 샘터위에 묘를 써 달라고 해서 무덤이 하나 생겼는데, 누구든지 물을 마시면 샘터에 허리를 구부리니 절을 받는 것이다. 나도 허리를 굽힌다. 오후 3시경 다시 짐을 메고 떠나기로 했다.

"아무리 산이라도 우물 앞에서 씻으면 되나?"

"발에 물을 묻힌 거다."

50분 더 올라 1,558미터 칠선봉(벽소령4.4 · 천왕봉7 · 세석1.9킬로미터)에 이른다. 천왕봉과 하동쪽으로 내려다보는 경치가 일품. 구상나무와 잣나무, 고사목까지 어우러져 숲이 좋은데 회잎나무, 피나물 군락을 지나면서 비린내가 진하게 난다. 몇 시간째 산길 걸으며 궁금했는데 드디어 알아냈다. 코를 대어 보니 고약한 냄새의 원인은 접골목이다. 주변에 기세 좋게 자라는 관중은 아랑곳하지 않은 채 완전히 왕관모양. 임금님 옆에서 비린내를 풍기고 있으니……

"무엄하도다!"

"빨리 안 오고 뭐해?"

저만치 앞서가는 목소리다.

말오줌대 · 지렁쿠 · 딱총나무들은 서로 사촌간인데 접골목이라 부른다. 말오줌대는 울릉도, 남해안 지역에 자란다. 하나 같이 누렇거나 빨간 열매를 달고 있는데 뼈가 부러지거나 삐었을 때 잘 듣는다고 접골목(接骨木), 고약한 냄

새 때문에 개똥나무라 한다. 산후 어혈, 타박상과 가려운데 달여서 목욕하는 데도 쓴다. 5월에 꽃이 덩어리처럼 달리고 줄기를 꺾으면 "딱" 총소리처럼 들려 딱총나무로도 불린다. 줄기 속은 노란색으로 마주나는 잎은 홀수깃털(기수1회 우상복엽), 가장자리는 톱니 모양이다.

오후 4시 20분. 끝없는 나무계단을 올라 잠시 멈추니 빨리 오라는 듯 장터목 산장이 빤히 보이고 뒤따라오던 반야봉도 제법 멀어졌다. 경치는 최고로 좋은 곳인데 그 대신 가장 어려운 산행 구간이다.

20분후 영신봉(1,652미터. 세석0.6 · 연하천9.3 · 벽소령5.7킬로미터)을 지나자 구름에 가렸던 해가 뒤에서 나타났다.

"오시다가 혹시 남자 한 사람 못 보셨어요?"

"……."

"사진 찍고 계시던데요."

일행을 찾는 듯 했다.

애틋하게 부르는 소리를 뒤로하고 드디어 잔돌고원 세석산장(細石山莊)에 도착한다.

오후 5시 10분전 벌써 해가 뒤로 기울었다. 내부시설은 나무로 침상을 만들어 놓았는데 잘만하다. 마당에 등산객들은 모여 음식을 먹거나 쉬고 있다. 오늘 밤 하루 묵어갈 산장은 1호실 14번, 3호실 192번. 2층 벽쪽 끝으로 3호실은

남성전용인데 등산객 품격은 평가절하 수
준이다. 세면대에서 치약 쓰지 말라 해도
치약냄새 풍기고 술을 많이 마셨는지 역겨
운 냄새와 큰소리로 떠드는 태도가 적이
거슬린다. 매달 한 번 이상 산에 가는 사람
들이 1,500만 명 넘는 세계적 등산국가 산
행문화의 현장이다.

세석산장

5시 30분, 취사장에서 라면에 마른밥 한 줌으로 저녁을 해결한다. 피로를
잊으려 반주 한 잔 기울이니 좀 나은 듯 했다. 쓰레기는 꼭꼭 뭉쳐 가방에 잘
넣었다. 여기서 동남쪽으로 내려서면 청학동까지 10킬로미터, 벽소령5.7·연
하천9.3·장터목3.4킬로미터 거리다. 청학동은 선조 때 조여적의 청학집(靑鶴
集)에서 나온 길지(吉地)로 신선이 노는 세상이다. 조식·김일손은 불일암 근처
를 청학동이라 했다.

불일폭포의 불일암(佛日庵)은 고려 보조국사 지눌이 수도(修道) 했던 곳으로
불일보조에서 비롯된다. 여름날 폭포에 서면 무지갯빛 서늘한 기운을 느낄 수
있다. 암자에 앉아 앞을 내다보면 물소리에 구상·소나무 낙락장송 아래로 산
이 비켜섰으니 여기가 청학동인 듯. 폭포 언저리 굵은 사람주나무를 볼 수 있다.

불일암

불일폭포와 굵은 사람주나무

지리산 찾던 선비마다 청학동 기록을 남겼는데 불일폭포·연곡사·세석고원·악양골 주변 등 보는 사람들 눈높이에 따라 위치가 달랐다. 장소보다 마음가짐에 있는 것 아니겠는가? 우리들 푸른 학은 어디서 찾을까? 파랑새라도 봤으면 좋겠다.

저녁 6시 반에 침상에 누워 잠잘 준비를 하지만 쉽게 눈이 감기지 않는다. 등과 다리가 불편해도 산장에 자고 싶다던 친구의 청원을 들어준 셈이니 이 정도는 괜찮다. 앓는 소리, 코고는 소리, 방귀소리, 뒤척이는 소리, 배낭 여닫는 지퍼소리……. 이리저리 뒤척거리며 전전반측(輾轉反側)[10]. 새벽 3시 40분에 일어나 화장실 가는 길, 벌써 취사장 라면 끓이는 냄새에 우리도 바빠진다. 라면 몇 젓가락 새벽요기를 하고 5시 출발이다. 세석평전 습지에는 노란꽃을 피운 동의나물, 골풀이 주인이다.

10분 정도 올라 오늘은 최고의 선물을 받는다. 촛대봉(1,703미터, 천왕봉4.4·장터목2.7·세석0.7킬로미터) 일출을 보려는 사람들이 옹기종기 모였는데 5시 19분 지리산 일출은 장관이다. 이 감동적인 순간은 나의 재주로 표현하기 쉽지 않다.

겹겹이 겹친 산들 파도가 일렁이며 밀려오고 숲의 물결 속에서 나오는 해. 구름 한자락 하늘 가려 검은 숲 지리산은 밤보다 길다. 지워지지 않고 내 안에 붉던 산장의 일몰, 밤새 씻긴 것이 새벽에 흘러나온다. 깨질듯 한 공기, 안개, 물, 낮은 바람소리, 먼 하늘에서 오는 빛의 구름까지, 별을 찾던 눈동자마다 환한 표정이다. 발아래 풀, 나무, 새, 바위 모든 이들은 파란 물에 검은 물결에 잠겨있는데 드디어 붉은 것이 나타난다. 너도나도 얼굴마다 붉은 색. 밤새 어디서 잠들어 저렇게 붉은 걸까? 나도 물들어 산으로 마을로 흘러간다. 집들 불빛

---

10) 생각이 많아 잠을 이루지 못해 뒤척임을 되풀이하는 것. 아름다운 여인이 그리워 잠 못 듦을 비유(시경 관관저구에 나온 말).

지리산 일출 2015.5.24.05:19

이 나뭇가지에 점점이 매달린 새벽. 아침 해 한 개씩 품고 내려가는데 산길의
나무마다 배낭을 만지며 아는 체 한다. 구상나무, 신갈나무, 지렁쿠나무…….
저 숲의 물결에 매일 헤엄칠 수 있으면 좋겠다.

　스스로를 잊은 무아지경(無我之境)에서 벗어나 옆 사람에게 사진 좀 찍어 달
라고 부탁한다.
　"서로 마주보세요."
　"……."

"좀 더 가까이" 한사코 보챈다.

"모습이 좋아요."

"……."

멋쩍어서 한참 웃는다. 이른 새벽 이렇게 웃어보긴 처음이다. 어제 기상청 예보는 흐린 날씨였는데 생각지도 않은 지리산 해돋이를 보다니 행운이요 축복이다. 저 멀리 반야봉이 북으로 다가오듯 우뚝 서서 이쪽으로 바라본다. 산에서 천천히 다니라고, 느긋하게 살라고, 부드러워지라고 타이르는 것 같다. 와유(臥遊)[11]를 위해 멋지게 사진을 찍는다.

해가 떠오르니 골골이 안개, 5시 45분 햇살 받아 고채목은 더욱 희다. 고채목은 지리산, 한라산 정상에만 볼 수 있는 사스래나무 일종으로 강한 바람에 구불구불 자란다. 고산지대의 지표식물이다. 뒤돌아보니 세석산장 능선 오른쪽으로 삼정산이 주춤한 듯 서있고 좀 더 가까이엔 안개 또는 무당들이 산다는 백무동 계곡이 길게 드리워졌다.

6시 10분 고원 같은 곳에 헬기장 표지가 있고 공기도 새소리도 맑다. 첩첩이 연록산들 보며 깊게 숨을 내쉰다. 삼정산 배경으로 고사목 몇 장 찍는다. 유산기(遊山記)[12]에 나타난 선인들도 이 산을 지나갔으리. 하인이며 기생들과 무리를 이뤄갔지만 나는 배낭 메고 친구를 앞세워 간다. 6시 15분 바위지대 연하봉(1,721미터, 세석2.6 · 장터목0.8킬로미터) 아침 햇살 실루엣이 멋지다. 사스래나무로 부르는 고채목, 병꽃, 떡취 바윗길이다. 촛대바위 배경으로 서서 구상나무 층층마다 1년씩 헤아리니 15년, 20년쯤 되겠다. 거룩한 나무들이여…….

6시 반 일출봉(천왕봉2.1 · 장터목0.4 · 세석3킬로미터)으로 구상나무 구간 아래

---

11) 누워서 유람 함. 명승 그림을 집에서 보며 즐김.
12) 김종직 · 김일손 · 남효온 · 조식 등이 유산기를 많이 남겼다. 천왕봉에서 주과(酒果)를 차려놓고 제사도 올렸다.

고채목

장터목

얼레지 드문드문 폈다. 10분 지나 장터목(천왕봉1.7 · 백무동5.8 · 세석3.4 · 중산리 5.3킬로미터). 산청 시천과 함양 마천 사람들이 물물교환 하는 장마당이 섰다고 장터목이다. 세석산장엔 지하수가 있었지만 이곳엔 지하수가 없고 물탱크에 헬기로 먹는 물을 운반한다. 물병 더 채우고 다시 걷는다.

7시 10분 제석봉(1,808미터, 장터목0.6 · 천왕봉1.1킬로미터). 제석(帝釋)은 하늘 신이며 불교신으로 때로는 토속신앙과 맺어지고 단군 할아버지이자 환웅의 아버지인 하느님(환인)과 똑같이 친다. 이곳은 1950~60년대 한낮에도 숲이 울 창하여 어두웠으나 도벌꾼들이 증거를 없애기 위해 불을 질렀다.

인간들의 탐욕이 부끄러운 흔적을 남기게 된 것이다. 자유당 정권말기 권력 에 빌붙은 일당들이 제석단 일대에 제재소까지 차려놓고 구상나무 도벌을 일 삼았다. 들통 나자 불을 질러 결국 나무들 공동묘지가 됐다. 60년대까지 이어 진 소나무 도벌은 지리산을 만신창이로 만들었다. 만행을 저지른 정치꾼 · 공 무원 · 목재상들을 "인간송충이"라 불렀고 함양 마천 일대에서 특히 심했다. 1967년 국가에서 직접 관리하기 위해 처음으로 국립공원이 되었고 산림청도 이때 생겼다.

저 멀리 반야봉에서 길게 이어진 산릉의 파노라마 위로 에메랄드 빛 하늘과 뭉게구름이 조화를 이루며 한 폭의 절경을 만들었다. 사진 한번 잘 찍어 달랬

더니 산과 구름은 삐딱하게 조그맣고 사람만 도드라지게 찍었다.

"이토록 예술성이 뛰어난 줄 몰랐어."

"……"

민감함과 둔감성이 만나 삼십여 년을 왔으니, 어쩌랴…….

하늘 길로 통한다는 통천문을 지나는 시간이 7시 30분. 바위산길 15분가량 올라 드디어 해발1,915미터 천왕봉(중산리5.4 · 장터목1.7 · 로타리대피소1.7킬로미터). 사진 찍느라 사람들 줄 섰다. 일찍이 여암 신경준[13]은 백두산에서 지리산까지 산줄기를 백두대간(白頭大幹)이라 하였다. 산의 맥과 흐름을 매겨 산의 족보라 할 수 있는 산수고, 문헌비고를 바탕으로 산경표(山經表)를 만들었다. 우리나라 산줄기 · 갈래 · 위치를 일목요연하게 나타낸 지리책으로 1대간 · 1

---

13) 여암 신경준(旅庵 申景濬,1712~1781) : 산수고(山水考), 산경표(山經表)를 지어 산과 강을 체계적으로 정리. 순창태생, 조선의 지리학자, 강계지, 사연고, 도로고 등.

정간 · 13개 정맥으로 산줄기를 나눴다. 북쪽은 백두산, 지리산은 남쪽을 상징하는 영산인 셈이다.

천왕봉

아득한 산하 1,400킬로미터 유장하게 흘러온 대간(大幹)의 종착지, 과연 지리산은 민족의 성산(聖山)이며 영산(靈山)이라 할 만하다. 유구한 산세가 웅장하지만 험준하지 않아서 어머니 품같은 산이다. 망국의 한을 품은 백제유민에서부터 섬진강 따라 노략질 하던 왜구를 비롯해서 동학운동에 실패한 농민들이 이산에 들어왔고, 1948년 여순사건 좌익세력이, 6·25전쟁 때도 북한 잔병들이 들어왔다. 노고단 · 반야봉 일대에서 학살 · 방화 · 격전으로 깊은 상처를 남겼지만 지리산 품속으로 숨어들었다.

"세상의 물욕과 치열한 생존경쟁에 시달린 우리도 이곳에 왔으니, 산은 모든 것을 보듬어 줄 것이다."
"……."
"그러니까 한번 보듬어줄까?
"쓸데없는 소리……."

천왕봉을 다른 이름으로 "마고"라 하는데 사랑하는 "반야"가 돌아오지 않자 기다림에 초조한 마고는 나무들을 마구 할퀴어서 제석봉 나무는 상처가 많다. 저 멀리 걸어온 서쪽 하늘 바라보니 낭군인 반야봉이 달려오는 듯하다.

8시 아쉽지만 노고단, 반야봉, 명선봉을 두고 산청군 시천면 중산리 방향으로 내려간다. 진주에서 중산리까지 35킬로미터, 중산리에서 천왕봉까지 12킬

법계사

칼바위

로미터 거리로 천왕봉에 오르는 가장 짧은 거리다. 15분 내려가서 바위 밑에 남강의 발원지 푯말이 붙은 천왕샘인데 법계사까지 1.7킬로미터다. 바위샘이 강물의 발원지라는 상징적인 의미일 뿐, 흐르지도 않는데 어떻게 발원지가 될 수 있을까 생각하며 걷는다.

8시 20분 바위에 앉아 초콜릿, 참외를 먹으면서 부족한 아침 요기를 대신한다. 30분 더 걸어 개선문(천왕봉0.8 · 법계사1.2 · 중산리4.6킬로미터) 지나고 9시경 절집의 범종소리를 듣는다. 법계사 내려가는 길에 황벽나무, 산목련이 반갑다. 내일이 초파일 산신각 앞에 고운 연등, 떡 먹고 샘물 마시며 물병을 채운다. 법계사는 가장 높은 곳(1,450미터)에 지은 절이다. 절집엔 햇살도 곱다. 초파일을 준비하는 보살님들 자태가 부처만큼 온화하고 금낭화처럼 아름답다. 탑을 보며 합장하는 중생들은 무엇을 구하려 저렇게 빌고 있을까?

"복을 구하지 말고 자비(慈悲)[14]를 베풀게 해달라고 빌어."

"……."

동의나물, 금낭화가 핀 마당에 샘이 두 개 있는데 물맛이 좋다.

---

14) 사랑하여 즐거움을 주고 불쌍히 여겨 괴로움을 없애줌. 남을 위한 진실한 사랑.

9시 30분 로타리 대피소(중산리3.3 · 칼바위2 · 천왕봉2.1 · 중산리버스길5.9킬로미터). 법계사 야영장으로 기억한다. 거의 30여 년 전 이곳에서 텐트치고 야영했던 일이 선하다. 고등학교 동창 셋이 진주에서 덜컹덜컹 시외버스를 타고 오던 시절. 그땐 산이 무엇인지도 모르고 마구 다녔었다. 호연지기(浩然之氣)[15]를 말하던 철없던 시절, 어느새 중년이 됐다.

칼바위로 내려가는 길에 숨을 헉헉거리며 올라오는 학생들. "○○고등학교 사제동행산악체험" 리본을 달고 지친 듯 아주 힘들어 한다.

"물 좀 주세요."

"……."

비상용으로 가져온 생수 한 병을 건넨다.

"법계사까지 가면 시원한 물 있어. 힘내."

"감사합니다."

보통 하루 2리터 물은 마셔야 되지만 멀리 가는 산에서는 4리터 정도 마셔야 한다.

산가막살 꽃이 하얗고 개다래도 은빛 비늘을 뿌린 듯 반짝인다. 10시에 망바위 지나고 내려가는 길은 힘들다. 20분 후에 장터목 갈림길(장터목4 · 중산리1.3 · 법계사2.1 · 천왕봉4.1킬로미터). 10시 반경 칼바위에 서니 계곡물소리 요란하고 비목나무들은 물소리에 기세 좋게 자란다. 계곡물에 잠시 땀을 씻었다. 11시 넘어 중산리 야영장에서 먼지 묻은 옷과 신발을 털고 식당 주차장 지나는데 다리 아프다. 후배를 기다리며 참외 한 조각, 아스팔트길이 뜨겁다. 11시 35분. 지친 몸을 맡기고 단성 고속도로 나들목 거쳐 12시 반 산청을 스쳐간다. 함양 읍내를 지나 어제새벽 차를 세워 둔 남원 인월까지 1시간 10분 걸렸다. 오후 1시경 함양 상림(上林)으로 와서 아직도 가시지 않은 종주산행의 감동을 풀

---

15) 지극히 크고 넓은 마음/ 흔들리지 않는 바르고 큰 마음/하늘 땅 사이 가득찬 넓고 큰 정기/공명정대(公明正大)하여 부끄럼 없는 용기/ 잡다한 일에서 벗어난 자유로운 마음. *맹자 공손추편(公孫丑篇).

어놓는다. 참 정결한 사람이 맞장구를 친다.

탐방길

● 전체 50킬로미터, 16시간 정도

성삼재 → (50분)노고단 → (45분)돼지령 → (20분)임걸령 → (55분)반야봉 → (40분)삼도봉 → (30분)화개재 → (1시간 15분)연하천대피소 → (1시간 35분*점심 휴식 포함)형제봉 → (30) 벽소령대피소 → (1시간)선비샘 → (1시간)칠선봉 → (50분)영신봉 → (10분)세석산장(숙박, 다음날 03시 40분 기상) → (15분)촛대봉(일출) → (1시간 5분*일출 구경 지체)연하봉 → (25분) 장터목 → (30분)제석봉 → (35분)천왕봉 → (1시간 25분)법계사 → (1시간 5분)칼바위 → (45분)중산리 야영장

* 두 사람 걸은 평균 시간(기상·인원수·현지여건 등에 따라 다름).

문경새재, 둘러앉은 주흘산

새재 · 산불됴심 표석 · 여궁폭포와 선녀탕 · 벌목과 연기 · 신갈 · 갈참나무

북쪽을 바라보는 목련 · 하늘재 · 문희경서 · 주흘산 유래

문희경서(聞喜慶瑞)의 고장이라 좋은 소식을 기대하며 일행은 애환과 전설이 깃던 문경새재로 간다. 제1관문 주흘관 입구 7월 아침 8시. 예로부터 충청과 경상도를 나누는 조령(鳥嶺)의 남쪽에 있다 해서 영남이라 불렸고, 한강과 낙동강유역을 잇는 험한 고개였다. 임진왜란, 병자호란을 겪으면서 관문을 설치, 국방의 요충지였다는 것은 다 아는 사실이라 하더라도 새재가 "새와 관련된 고개"라는 것에 동의하기 어렵다. 새재는 문경 상초리다. 상초리는 윗새(上草), 아랫마을인 하초리는 아랫새(下草). 새(鳥)가 아니라 새(草), 풀 · 잡초 · 띠 · 억새 따위를 일컫는 것[1] 아닌가?

문경새재는 주흘산과 조령산 사이 주흘관, 조곡관, 조령관을 거치면서 백두대간(白頭大幹) 마루를 넘어 한양으로 올라가는 관문이다. 양대 산맥 사이로 흐르는 조곡천 동편에는 조령 제1관문인 주흘관, 2관문 조곡관, 3관문인 조령관과 성터, 주막 등 문화재가 많고 일대는 도립공원이다. 특히 주흘산은 새재의 주산인 셈이다.

---

1) 풀 고개 초점(草岾). 신증동국여지승람(문경현 산천조).

문경새재 제1관문

제2관문 못 미처 오른쪽에 "산불됴심" 표석이 서 있
다. 현재의 경부고속도로보다 한양 가는 새재 길이 가
까워 사람들이 몰려들자 산불도 많이 났을 터. 영·정
조 때 산불조심을 강조하던 산림보호의 이정표라 할만
하다. 백성들이 잘 알아볼 수 있도록 비뚤어진 돌에 한
글로 썼을 것이다. 지방문화재 자료. 됴심, 죠심, 조심
의 한글 변천과정도 알 수 있다.

일행은 주흘관을 지나 혜국사, 여궁폭포를 따라 올라간다. 오늘 날씨는 맑
아진다고 했는데 아직도 비 내리고 저마다 배낭 속에 비옷은 챙겼을 테니 일단
오르자.

산길에 나무, 풀, 돌, 이끼……. 물소리는 피로를 잊게 한다. 새벽녘까지 손
님맞이로 잠 못 잤으니 피로할 수밖에…….

물소리 따라 10여분, 치솟은 절벽사이로 흘러내리는 물소리 더욱 요란하
다. 여궁폭포, 올려다보면 하반신을 닮았다는데 여심폭포가 나을 듯하다. 사람
들은 파랑소라 하고 하늘에서 내려온 칠 선녀가 목욕하던 곳이라 한다. 우리나

라 산중의 연못치고 선녀들이 목욕하지 않은 곳이 어디 있으랴? 그 많던 선녀들은 어디로 갔으며 어찌하여 깊은 산속에서 목욕을 했단 말인가? 여인의 구중심처(九重深處) 폭포수 아래는 스무 명 남짓 앉아 쉴 수 있는데 여기서 선녀님의 옥체보전과 무탈한 산행을 빌었다.

여궁폭포

20분 정도 오르니 낡은 철다리가 나오고 바위 옆으로 산조팝나무다. 통일신라 때 세웠다는 절집은 공민왕이 홍건적을 피해 이곳으로 피신, 나라가 은혜를 입었다고 해서 혜국사(惠國寺)로 불렸다. 왕이 은혜를 입었으니 나라국(國)자 대신 임금왕(王)이 더 적절치 않을까? 경내는 공사가 한창이어서 어지럽지만 종무소의 격자창이 멋스럽다.

층층나무가 이나무 잎처럼 무성하여 가던 길 멈추게 할지라도 나무다리 위를 걷는데 옆으로 구멍 뚫린 느티나무 고목이 버티고 서 있다.

"모두 이쪽으로 오십시오."

패잔병처럼 늘어져 오는 일행들에게 목청을 높인다.

"예로부터 오래된 나무를 함부로 베면 저주 받는다고 했습니다. 밀림지대 부족은 큰 나무를 벨 때 일종의 의식처럼 연기를 피우거나 미리 나무에 총을 쏘기도 합니다. 톱질을 하게 되면 나무속에 갇혔던 휘발성 유독가스가 서서히 흘러나와 벌목꾼을 질식시켜 죽음에 이르게 합니다. 연기를 피우는 것은 바람의 흐름을 알면서 톱질하니 유독가스를 맡지 않는 이치랍니다. 이 나무도 동공이 안 드러났으면 이곳에 가스가 들어 있었겠지요."

"……"

대궐터 능선 등산로

고개 끄덕이지만 건성이다. 산길에 시달려 지칠 때도 됐지 뭐.

혜국사를 지나 잠깐 오르면 대궐터에 닿는다. 이 산중의 너른 터에 오래된 버들이 있고, 샘물이 솟는다. 달다, 한 모금으로 목을 축이자 부스럭 소리 나는 데 산토끼를 닮은 고라니 한 마리 풀잎을 흔들면서 사라져갔다. 산속의 안개는 검은 빛을 띠우고 안개 숲길을 걸으면 각선미를 자랑하는 소나무와 산뽕 · 비목 · 신갈 · 물푸레 · 박달 · 피나무를 만난다. 꿩의 다리, 까치수염이 안개와 어우러져 흰 꽃은 하얀 이슬처럼 물빛을 달고 으름덩굴, 다래덩굴, 둥굴레도 제 몫을 한다. 숲은 습기가 많고 검은 점토질로 기름지다.

놀라울 정도로 많은 풀들이 자라는데 자연이 살아 있다는 것을 실감한다. 숲은 훌륭하다. 넓은잎나무 아래는 꿩의 바람꽃, 금강애기나리, 삿갓나물……. 잠시 숨을 몰아쉴 때 쯤 고갯마루에 올라선다. 정상이 눈앞, 각시붓꽃, 박새, 밀나물이 자라고 신갈나무 잎은 축축 늘어져 있다. 그 옛날 나무꾼이나 먼 산길 떠나는 이들은 짚신이 헤지면 신갈나무 잎을 짚신바닥에 깔창으로 갈아 넣어 신갈나무다. 갈참나무와 잎이 닮았지만 잎자루가 짧다. 갈참나무는 가을 늦게까지 잎이 달려 갈색 빛깔 단풍이 오래간다고 붙여진 이름. 김소월의 시 "엄마야 누나야" 구절 "뒷문 밖에는 갈잎의 노래"에서 갈잎이 갈참나무라는 얘기도 있다. 2시간 정도 올라갈 주흘산을 3시간쯤 걸려서 올랐다.

주흘산 1,075미터 정상 근처에 핀 하얀 몽우리, 목란, 천년화, 선녀화, 함박꽃나무로 불리는 산목련이다. 올라갈 때 사진 찍으며 몇 번이고 요모조모 살폈다. 북향화 (北向花) 백목련, 자목련은 하나같이 북으

주흘산 정상

로 향하지만 산목련은 수줍게 고개를 숙이고 있다. 꽃받침도 없고 늦게 핀다.

천상에 백옥 같이 흰 옥황상제 딸이 있었는데, 어쩌다 북쪽의 바다 신을 사모하다 죽고 말았다. 공주의 무덤에 하얀 목련꽃이 피었는데 모두 북쪽을 바라보고 있었다는 것. 남쪽의 꽃잎은 햇볕을 받아 잘 자라서 상대적으로 덜 자란 쪽보다 커 북쪽으로 치우친다. 이른 봄에 피는 백목련과 목련, 5~6월

산목련 봉오리

경 피는 후박나무라 부르는 일본목련, 6~7월의 산목련나무가 있다. 일본목련은 꽃이 커면서 위를 향하고 산 목련은 아래로 핀다. 북한에서는 나라꽃으로 돼 있다.

정상의 미역줄나무는 찬바람 맞고 자란 탓인지 잎을 크게 펴지 못하고 방패막이가 된 병꽃나무가 벌써 꽃 대신 호리병을 달았다. 한자로 주흘산(主屹山), 우뚝 솟은 산이라는 뜻이다. 사진 찍고 멀리 바라보아도 발아래는 안개에 갇혀 무인지경을 연출해 내고 있다. 안개 산을 걸어 다시 영봉으로 걷는다. 스치는

잘 생긴 물푸레나무

쇠물푸레와 까치수염, 미역줄 나뭇잎에 신발 젖어도 산길은 즐겁다. 물푸레나무가 다양한 색깔을 띠는 건 쉽잖다. 습기가 많아선지 이곳의 나무껍질은 마치 후리후리 하게 커서 벽오동 색깔을 닮았다. 암석지 능선의 껍질은 하나같이 바위색인데 비해 악천후 지대에선 딱딱한 껍데기가 악어등 마냥 울퉁불퉁하다.

영봉(靈峰) 1,106미터에 닿으니 거의 40분 정도 걸렸다. 뒤에 오는 일행들을 위해 우리는 미리 점심준비를 한다. 집에서 별 맛 없어도 산중음식은 그야말로 산해진미가 무색할 정도다. 풋고추에 너나없이 감탄한다. 좀 전까지만 해도 안개 덮인 산이 조금씩 햇살을 보여준다. 땀을 많이 흘리고 밥까지 먹었으니 체온이 떨어져 빨리 이동해야 한다는 것 뿐, 두 팀으로 갈라지기로 했다. 2조는 제2관문, 1조는 능선길 따라 조령산으로 가기로 했다. 12시 30분, 지금부터 부지런히 걸어도 4시간 이상은 족히 걸릴 것이다. 보폭을 넓히면서 다시 걷는다. 군데군데 산목련이 눈에 띄지만 꽃은 참으로 귀하다. 귀할수록 까다롭고 절개가 있다 했지 않은가? 그래선지 옮겨 심는 것을 싫어하고 오로지 깊은 산속에 자라길 고집하는 정결한 나무. 수줍음이 꽃말이듯 소복한 여인 불쑥 나올 것 같아 발길을 멈춘다. 앞서 가는 두 사람 간격은 자꾸 벌어지고 부봉으로 걸음을 옮긴다.

마패봉은 충주, 괴산, 문경과 경계를 이루는데 암행어사 박문수가 마패를 걸어놓고 쉬어 갔다는 데서 비롯됐다. 하늘재(525미터)는 충주와 문경을 잇는 고개로 넘으면 바로 충주 남한강에 닿는다. 신라 아달라왕이 한강유역을 차지하기 위해 처음 뚫은 백두대간 고갯길, 죽령은 2년 뒤 개척 됐다고 한다. 신라 때는 계립령(鷄立嶺), 이후 대원령, 한티, 천티 등으로 불리다 하늘재로 굳어졌다. 죽령이나 계립령을 넘어서면 남한강 물길을 만날 수 있으니 영토다툼이 치열했던 요충지였다. 고구려 온달을 비롯해서 궁예가 상주를 칠 때도 이 고개 넘었고, 마의태자와 누이 덕주공주가 금강산으로 갈 때 고갯마루에서 울었다. 홍건적을 피해 공민왕 행렬도 여기 거쳐 청량산으로 갔다. 태종 때 문경새재가 열리면서 민초들은 관리의 횡포를 피해 꾸준히 하늘재로 오갔으니 한(恨)이 서린 길이다. 추풍령에서도 큰길을 두고 괘방령으로 다녔다.

"산길이 아니라 역사며 애환이다."

"모든 길은 로마로 통하지만 우리나라는 산길로 통한다."

"제법 하네."

영남지방에서 한양 가는 과거 길은 남쪽 추풍령과 북쪽에 죽령, 가운데 새재가 있었는데 대개 문경새재를 넘었다고 한다. 추풍낙엽 추풍령이요, 대나무에 미끄러지는 죽령의 금기(禁忌)[2]가 있어 새재는 과거급제 길로 이름났다. 문경새재를 넘으면 경사스런 소식을 듣는대서 문희경서(聞喜慶瑞), 문경이 됐다. 경상·충청 경계 조령관 용마루 빗물이 남으로 흐르면 낙동강, 북쪽을 타면 한강이 되었다.

부봉으로 오르기엔 시간이 바쁠 것 같아 동암문으로 직진이다. 동암문은 조령산성의 동쪽 문으로 성문 쌓기에 썼던 돌들이 여기저기 널브러져 있다는 산 꾼들의 말에 귀동냥 한다. 동암문 삼거리에서 동화원으로 내려간다. 계곡

---

2) 신앙이나 관습으로 꺼려 피함.

으로 다래넝쿨이 터널을 만들었다. 물박
달나무 껍질이 종이처럼 일어나서 기세
를 뽐내고 우리는 고개를 숙이며 내려간
다. 발밑에 물이 비치고 낙엽송 군락이
좋다. 숲의 천국 여기가 낙원 아닌가? 웬
산중에 낭만적인 노래가 흐른다. 동화원

소원성취 탑

휴게소 가까이 왔다는 것이리라. 새재 길과 만나는 지점이 휴게소. 산길에서
흙길로 바뀌었을 뿐 길은 그대로다. 소원성취 돌탑 나무 정자에 앉았다. 조령
산까지 갈 길이 아직 멀었으니 짐을 확인한다. 물 두병, 비상용 사탕과 도시락
한 개 있으니 다행.

제3관문을 두고 우리는 조령산으로 오른다. 관문 왼쪽에 산신각이다. 장계
(狀啓)[3]를 가지고 새재를 오르던 사령이 호랑이에게 물려죽었는데, 화난 임금은
호랑이를 잡아들이라고 명을 내렸다. 군사들은 호랑이를 잡지 못하고 어명을
놓고 돌아갔는데 나중에 와보니 호랑이는 스스로 죽었다 한다. 새재에는 호환
(虎患)이 없어지고 산신과 호랑이 넋을 기리기 위해 산신각을 세웠다.

조령산신각을 끼고 나무계단을 한참 오르는데 등산객들이 내려온다. 여기
서 조령산 정상까지 4~5시간, 지금 2시 반이어서 중간에서 내려가기로 했다.
오른쪽이 괴산 연풍 방향, 신선이 되어 하늘로 날아갈 것 같은데 건너 산에는
우리가 두고 온 부봉, 주위의 무수한 봉우리는 저마다 우뚝 서서 난형난제(難
兄難弟)[4]다. 오른쪽으로 보이는 신선암봉(神仙巖峰 937미터)은 조령산 종주길 가
운데 바위 길로 눈앞이 시원하다. 내려다보니 그야말로 그칠 것 없는 천연요새
다. 임진왜란 때 왜군이 상주에서 북쪽으로 공격하고 있었다. 조정에서는 권
율사위이자 여진족을 물리친 신립을 보내지만 요새인 새재를 두고 충주 탄금

3) 왕명을 받고 신하가 왕에게 보고하던 일. 또는 문서.
4) 형과 아우라고 하기 어렵다는 뜻. 누가 더 낫다고 할 수 없음.

한국 유산기 257

신선암봉 가는 길, 왼쪽이 주흘산이다.

대에서 싸우다 죽는다. 전설에는 한을 품은 여인의 복수에 의해 탄금대로 갔다
한다.

　우리가 걷는 1시 방향으로 돌아앉은 주흘산이다. 무학대사가 도읍을 정하
려니 한양에 궁궐을 지켜줄 산이 없었다. 전국에 주산(主山)을 모집했는데 앞
다퉈 모여들었다. 뒤늦게 주흘산도 한양으로 가던 길, 삼각산이 먼저 당도했다
는 소식을 듣고 낙심해 돌아오는 길에 신경질 나서 한양을 등지고 앉았다고 한
다. 한 사람은 저 산을 닮아 투덜대니 어찌 산행이 즐거울까? 돌아오며 신선암
봉으로 흘러 온 봉우리 하나 신경질봉이라 불러주었다.

● 정상까지 5킬로미터, 2시간 45분 정도

*전체 13킬로미터 8시간 45분

제1관문 주차장 → (25분)제1관문(주흘관) → (25분)여궁폭포 → (30분)혜국사 → (50분)대
궐샘 → (30분)대궐터 능선 → (5분)제2관문 갈림길 → (10분)정상 → (40분)주흘영봉 → (1
시간 15분*점심 휴식 포함)삼거리(하늘재·마패봉·부봉) → (15분)부봉삼거리 → (20분)동암문
갈림길 → (40분)소원탑 → (15분)제3관문(영남제일루) → (50분)제2관문 갈림길 → (50분)
제2관문(조곡관) → (5분)산불조심표석 → (30분)제1관문 → (20분)주차장

* 바위구간 많은 곳으로 3~8명 정도 걸은 평균 시간(기상·인원수·현지여건 등에 따라 다름).

임을 그리는 치술령

망부석 · 박제상 · 벌지지(伐知旨) · 은을암 · 국수봉
두더지 · 벚나무와 산벚나무 · 파랑새 이야기

아침 여덟시 차창으로 안개를 뒤집어 쓴 산들이 삼각모양 일렬로 섰다. 첩첩산중, 전봇대 너머 보이는 산, 그냥 스치기 아쉬워 풍경을 담는다. 안개와 역광이 만들어주는 자연은 신비 그 자체다. 시골마을 아침은 도시에 찌든 것을 말끔히 씻어주고 있었다. 울산으로 가는 국도를 타고 한 참 지나자 연못가에 유럽풍 집들이 나무와 어울려 그림을 그려놓는다. 아침이 이렇게 맑을 줄이야. 나는 사진기에, 일행은 스마트폰에 저마다 작품을 만든다. 산행은 잊고 전원으로 난 길을 따라 간다. 집들은 그리 사치스럽지 않지만 나무, 잔디, 꽃들과 어울려 여러 가지 모습을 보여준다. 나무를 때는 것인지 굴뚝 연기가 검은 산 빛에 하얗게 오르고 햇살이 영롱한 물빛을 머금었다.

"그만 가자."

넋을 놓은 일행들을 재촉했다. 문원골 문화촌, 새를 키우는 집에 새장을 만들지 않았으면 좋겠지만 공간은 자유를 제한하는 곳이라고 할 때 우리들 공간은 얼마만큼일까?

연못 앞에 차를 세웠더니 치술령 서북능선 입구 등산로 팻말이 뚜렷하다.

문원골에서 바라본 치술령

등산로 입구

지난번 이산 너머 외동 석계저수지 방면, 인적 없는 곳을 헤맸던 탓에 오늘처럼 정직하게 나 있는 산길이 반갑다. 그때 길을 몰라 저수지 입구에서 몇 번 물어도 묵묵부답이던 촌부들. 일손 바쁜데 놀러 다닌다고 마뜩찮게 여겼을 것이다. 기계처럼 반복되는 일상, 쉬는 날 산을 찾는 것이 뭐 대단하냐는 변명으로 매몰찬 도시와 배타적인 농촌의 특징들이 한 걸음씩 물러섰으면 하는 바람이다.

처음 길에 석계 저수지 지나 달마사 입구 왼쪽 길을 모르고 곧장 올라갔다. 가시덤불을 헤치며 거의 20분 지났을까 임도를 만나고 드디어 산악회 리본과 안내 표지판이 나온다. 여기서부터 길은 좋다. 망부(亡婦)의 한을 새기면서 걷는 길, 계곡물 소리, 꼭두서니·사위질빵·찔레⋯. 현호색이 앙증스럽게 꽃잎을 틔우는 산길 따라 1시간쯤 지나면서 가파른 흙산(肉山)이다. 8부 능선 바위 밑에 제법 큰 샘이 있는데 개구리 알이 물속에 잠겨있다. 이 높은 곳에 개구리 알이 있다니 놀랍다. 개구리는 나무 우거진 돌 밑이나 낙엽 쌓인 곳에서 겨울잠 자고, 보통 3~4월에 알을 낳는다. 높은 산이라도 물이 있으면 어디든지 살수 있다는 것을 보여준다.

외동 쪽에서는 원점으로 돌아오는 데 4시간쯤 걸렸다. 몇 갈래 길이 있었지만 달마사 입구에서 정상까지 두 시간 오르고 다시 은을암·법왕사 갈림길 헬기장에서 왼쪽으로 내려가는데 길을 잘못 들어 고생한 것에 비하면 오늘은 즐거운 산길이다.

어제가 4월 20일, 때 맞춰 곡우(穀雨)에 비가 내렸으니 모든 것이 해맑다. 눈부신 햇살은 영롱 그 자체다. 오솔길을 밟는 발자국이 가벼워 콧노래 절로 나온다. 신록은 잎을 뽐내고 지저귀는 새소리, 계곡으로 졸졸졸 물소리, 상큼한 공기까지 선계(仙界)가 아니고 무엇이랴. 선녀 둘과 동행하니 오늘은 기어코 신선의 반열에 들 수 있으리라. 진달래 분홍 꽃이 간밤에 내린 빗물에 떨어졌다. 30분가량 오르니 능선 쉼터, 송골송골 땀은 옷을 적시고 빗물을 머금은 알싸한 꽃맛, 봄맛이다. 봉우리 세 개를 오르내릴락 어느새 망부석인데 서남향 전망대에 안내판을 세워놓았다.

망부석(望夫石)…….

"남편을 잊는 망부석(忘夫石)."

"가정불화가 있는 모양이죠?"

늙어 갈수록 남편은 잊으라는 것.

아내를 바라보는 망부석(望婦石)이라니, 나 원 참.

치술령 정상(765미터)에는 여인의 한이 서린 신모사지(神母祠址) 빗돌이 서 있다. 빗돌에 새겨진 것과 삼국유사, 전설 등을 정리하면 이렇다. 신라 눌지왕의 동생 복호와 미사흔이 고구려, 왜국(日本)에 인질로 가 있었다. 시름에 빠진 왕을 위해 태수 박제상(朴堤上)이 고구려왕을 설득하여 먼저 복호를 데려온다. 그는 곧바로 왜국으로 가는데 부인은 바닷가(栗浦)[1]로 쫓아간다. 그러나 망덕사 앞에 이르러 모래밭(長沙)에 다리를 뻗고 울부짖는다. 그곳이 벌지지(伐知旨)가 됐다. "뻗치다"의 우리말을 한자[2]로 적었던 것이다. 경주 망덕사지 들길에

---

1) 경주 양남 진리 또는 울산 북구 정자동 일대로 추정.
2) 한자를 빌려 우리말을 표기하던 방법을 이두(吏頭)라 했다.

치술령 정상

벌지지

벌지지(伐知旨) 표석이 있다.

　한편, 왜국으로 간 박재상은 마치 신라를 배반하고 온 것처럼 신라 · 고구려가 침입한다고 속인다. 왜는 신라를 치기로 하고, 제상과 미사흔을 길잡이로써 먹을 계략을 꾸민다. 이윽고 박제상은 미사흔을 신라로 보낸다. 도망친 것이 발각되자 왜왕은 제상을 묶고 신하가 되면 살려주겠다고 하지만 차라리 계림의 개, 돼지가 될지언정 신하되기를 거부하니 죽인다. 눌지왕이 애통해 하며 벼슬을 내리고 딸을 미사흔의 아내로 삼게 하여 은혜에 보답한다. 한편, 박제상의 부인 김씨는 치술령에 올라 남편을 기다리다 돌이 되었다.

　치술령은 경주 · 울산의 경계다. 치(鴟)는 솔개 · 새, 술(述)은 수리, 영(嶺)은 산 · 재, 새가 사는 높은 산으로 여긴다. 서라벌 남쪽을 지키는 요충지로 왜적이 자주 출몰하자 성을 쌓았으며, 산꼭대기에 있던 치술신사는 호국의 신성한 터로 숭상했다. 죽어서 충렬공이 된 박제상은 영해박씨 시조가 되고 방아타령 백결선생이 아들 박문량이다.

　멀리 부연 안개너머 동해는 오늘도 모습을 보여주지 않았다.
　느닷없이 술, 과일을 불쑥 내민다.
　"혹시 뭐라 할 것 같아서 살짝 갔다 왔어요."

김 선생이다.

"함부로 다니면 안돼요. 요즘 부녀자 가출방지 기간입니다."

"뭐라고요?"

"……."

희뿌연 동해를 바라보며 산악회에서 구걸해 온 한 잔에 신라 여인의 한을 달래고 있었다.

정상의 빛바랜 이정표(은을암4.5 · 제내리6.5 · 법왕사 · 치산서원2.8킬로미터)를 두고 법왕사로 내려왔다. 연못에서 바라보는 산들이 멋스럽다. 못가에 배낭을 내리고 봄빛을 즐기는데 하늘과 신록을 한껏 담은 고운 물빛이 살갑다.

은을암(隱乙庵), 남편을 기다리다 죽은 부인의 혼이 새가 되어 바위틈에 숨어들었는데 정절을 기리기 위해 암자를 지었다. 신라고찰로 통도사 말사다. 새가 날아갔대서 울주군 두동면에 비조(飛鳥)마을이 있다. 은을암에 날아든 부인은 나라를 지키는 치술신모(鵄述神母)가 되었다고 전한다. 계단을 한 참 오르면 백구(白狗)가 먼저 반겨준다. 백구라 부르는 것이 절

집을 지키는 흰 개에게 덜 미안할 것 같다. 영혼이나 오장육부가 사람과 비슷해서 축생(畜生)의 으뜸이다. 토 · 일요일 연거푸 세 번째, 지난번 들렀던 전원주택 단지, 박제상 유적지를 지나 은편리, 미역골 산길 따

라 꼬불꼬불 올라왔더니 글자대로 새(乙)가 숨은(隱) 암자다. 절집 뒤의 바위구멍은 새가 숨어살기 좋은 곳이다. 석등 아래는 초록세상 따사로운 봄빛. 배낭속의 물통 한 개 벌써 비었지만 바위산 중턱에 물이 있을 리 없다. 봄 햇살 맞으며 절집 옆으로 돌아 국수봉에 오른다. 멀리 흐릿하게 울산시내가 다가오고 산꼭대기는 먼저 온 사람들이 판을 벌여 놓았는데 은을암 백구도 올라왔다. 사람들과 어울려 살아가는 팔자 좋은 목숨이라 생각하니 전생의 선업일까?

국수봉(603미터)은 모든 산들이 절 하듯 서라벌을 굽어보는데 유독 등지고 있다고 해서 "원수 같은 산" 국수봉(國讐峰)이라 했고 후일 역모지명(逆謀地名)이라 국화가 아름답다는 국수봉(菊秀峰)으로 불렸다. 주변에는 국화 대신 보랏빛 현호색, 각시붓꽃

국수봉

이 많다. 거꾸로 보면 어떤가? 여러 산을 호령하여 동남쪽으로 치달아 왜구를 무찌르는 형국으로 국운을 이끌고 내달리는 기상이랄까? 국토를 이렇듯 무지막지 이름 붙였으니 편안한 나라(國泰民安)를 바랄 수 있었겠는가? 인걸은 지령이라 했거늘 좋은 땅에 좋은 이름 지어줘야 사람이 모이고 걸출한 재목이 나올 것 아닌가? 그럴진대 왜구의 침입도, 원한 품은 여인의 희생도 없었을 것이다.

이정표에는 남동쪽 옥녀봉까지 2.5킬로미터, 북쪽 치술령으로 걸어가는데 4.5킬로미터 남짓. 은을암, 국수봉 갈림길 잠시 지나자 봄나들이 차들이 길옆에 서 있고 안내판 너머 나무사이로 치술령이다. 납골묘, 철탑을 지나 마을이 잘 보이는 바위에 앉아 우리는 한숨 돌린다.

"순한 마을이네."

쇠물푸레나무 하얀 꽃바람이 살랑거리면서 마음을 흔들어 놓는데 발아래

산 아래 마을

치술령 가는 산길

정겨운 산마을. 고불고불 논둑길마다 개미만한 사람들 다니고 장난감처럼 차들도 가끔 오간다. 봄바람 타는 계절, 봄바람이야 호르몬(dopamine)생성에 민감한 여성들이 많이 타서 우울증도 봄철에 많다. 배우자와 보내는 시간이 적거나 지적능력이 낮은 사람이 봄바람에 취약하다는데……. 바람 타긴 글렀나 보다.

"연분홍 치마가 봄바람에 휘날리더라. 오늘도 옷고름 씹어가며 산 제비
넘나드는 성황당 길에 꽃이 피면 같이 웃고, 꽃이 지면 같이 울던 알뜰한
그 맹세에 봄날은 간다."

봄이 오는가 싶더니 꽃잎은 어느덧 발밑에 떨어지고 뒤돌아보면 걸어온 저 산만큼 청춘도 멀어졌다. 안타까운 청춘이여 봄날은 그저 속절없다. 어쩌랴 인생은 봄밤의 꽃처럼 잠깐 붉었다 지는 것. 다시 발길을 옮긴다.

콩두루미재삼거리(두동 · 칠조0.8 · 치술령1.5 · 은을암2.5 · 척과 · 반용1.5킬로미터)에서 어떤 부부를 만났다. 국수봉까지 얼마나 걸리는지 묻는다. 은을암 지나 0.5킬로 가야 되니 3킬로미터, 1시간 더 걸린다고 했다. 서로 물 한 잔 마시고 헤어졌다.

죽은 두더지

산벚나무

나뭇잎과 갈색 흙이 엉긴 좁은 산길에 두더지 한 마리 굴을 파 놓고 죽었다. 매나 족제비에게 당했나 보다. 저만치 가다 다시 돌아와 낙엽을 헤치고 묻어준다. 검은 털에 앞다리는 거의 굴삭기 바가지를 연상케 할 만큼 두텁고 뾰족하다. 두더지는 눈은 퇴화되고 후각, 진동에 민감해 침입자들이 가까이 가기 전 숨어버리고 밤에 가끔 나타난다. 지렁이나 애벌레, 달팽이, 지네를 먹고 산다.

호젓한 산길, 산초·취나물·고사리·산두릅·산괴불주머니……. 온갖 야생초들이 즐비한데 단연 둥굴레가 압도적이다. 산길마다 여린 잎이 바람에 한들거린다. 새로 돋은 꽃잎에 셔터를 누르는데 고개 들어보니 산벚나무다. 꽃이 화려해서 일시에 폈다져 잎이 나오는 벚나무에 비해 산벚나무는 꽃이 피면 잎이 같이 나온다는 것을 실감한다. 재질도 단단해서 돌배나무와 팔만대장경 목판을 만드는 데 썼다. 꽃도 더 오래간다. 벚나무는 화끈한 여자다. 산벚나무는 우아하고 꽃자루가 길면 벚나무, 꽃자루가 짧고 털이 없으면 산벚나무다.

치술령 정상 주변 전망 좋은 너럭바위 아래로 석계 저수지와 외동 방면이 훤하게 펼쳐져 있다. 등산화 벗고 나물에 밥 한 입…….

봄 햇살 가득 받으며 은을암까지 다시 돌아오는데 6시간 걸렸다. 들머리 국수봉 산행에 이미 1시간 썼으니 생각보다 많이 걸은 셈이다. 물을 적게 준비해서 겨우 목만 축인 산행이었는데 원점으로 돌아오자 오전에 대 놓은 차에 가려진 바위사이로 물이 졸졸 흘러나온다. 목말라 연거푸 몇 잔 들이켰다. 그것도

박재상 유적지   모녀상

모르고 여러 곳에서 물을 찾았으니 파랑새는 언제나 가까이 있다는 걸 느껴보는 것이다. 세상은 우리가 생각하는 것보다 희망과 행복이 옆에 있지만 알아채지 못하고 산다.

오두막에 사는 남매는 파랑새를 찾아 나선다. 여러 곳을 돌아다녔지만 끝내 빈손으로 돌아오고 그토록 찾던 파랑새는 추녀 끝에 앉아 있었다. 행복은 가까이 있다는 파랑새[3] 이야기다.

아침에 보았던 절집의 백구를 만나러 두리번거리며 암자로 다시 올라간다. 빈 암자에 나뭇잎 흔들리고 딛는 발자국소리까지 조심스럽다.
산 아래 다녀오는 스님과 마주쳤다.
"백구를 만나러……."
"산에 다니러 간 모양입니다."
"……."
제한하는 곳이 공간이라면. 흰 개가 뛰노는 것이 자유일까? 날마다 긴장 속에 갇혀 살면서도 자연을 그리는 우리의 공간은 한갓 발자국 몇 개의 영역에

---

30 마테를 링크(1862~1949)의 회극, 벨기에 출신 극작가 · 시인. 1911년 노벨 문학상을 받았다.

불과할 뿐, 벗어날 수 없다면 자유는 이념에 지나지 않는다.

오늘은 반룡마을, 범서읍 방향으로 내려간다. 박재상 유적지 옻밭마을이나 전원주택단지의 당산못, 외동 석계저수지로 가는 길 보다 멀겠지만 탱자나무 울타리 멋을 찾아 간다. 산에는 벚꽃 만발한데 시가지는 어느새 꽃잎이 떨어져 날린다. 왔던 길로 돌아 경주시내 다리 난간의 솔개꼬리 치미(鴟尾)를 바라보며 지난다. 치술령의 치(鴟)와 같은 한자, 솔개·새의 뜻이다. 부인은 정말 새가 되어 날아갔을까?

탐방길

● 경주 외동 석계 방향(정상까지 2킬로미터, 2시간 정도)
달마사 입구 → (40분)임도끝지점 → (60분)샘터 → (10분)능선갈림길 → (10분)치술령 정상 → (10분)헬기장 → (40분)월성박씨묘 → (50분)달마사 입구

● 울주 당산못 문원골 방향(정상까지 2.6킬로미터, 1시간 15분 정도)
당산못 → (45분)능선갈림길 → (40분)망부석 → (10분)치술령정상 → (30분)법왕사 → (10분)연못 → (30분)박재상유적관 → (30분)당산못

● 을을암 방향(정상까지 4.5킬로미터, 3시간 40분 정도)
은을암 → (40분)국수봉 → (40분)서낭재(납골묘) → (50분)콩두루미재 → (50분)갈비봉 → (10분)헬기장 → (15분)치술령 정상 *이하 원점회귀

* 2~4명 정도 걸은 평균 시간(기상·인원수·현지여건 등에 따라 다름)

강물에 흐르는 태화산

고씨굴 · 외씨버선길 · 부엉이방귀나무 · 태화산성
귀룽나무 · 닥나무 · 단양과 복자기나무

아침 9시 30분, 날짜도 9월 3일 영월 고씨굴 입구에 왔다. 다른 일행들은 북벽으로 가고 매표소에서 태화산 올라간다고 하니 다리위로 그냥 보내준다. 남한강 유유히 흐르는 다리를 5분쯤 걸어서 오른쪽등산로, 왼쪽이 동굴 입구다. 임진왜란 때 고씨(高氏) 일가가 피했다고 고씨굴인데 수억 년 전부터 종유석과 석순이 만나 석주가 발달된 천연기념물로 길이 6킬로미터쯤 된다.

길고 푸르게 흘러가는 순박한 물길 남한강. 동굴 바로 뒤편 가파른 철계단 오르는데 생강 · 굴참 · 소사나무 옆에 복자기나무다. 단양 읍내를 지나오면서 보았던 이국적으로 키운 단풍나무다. 일부 일행들은 완만한 북벽에서 올라 정상에서 만나기로 했다. 가파른 산길에 고광나무 열매도 생강나무와 비슷하다. 10시쯤 고개 마루 팻말(정상5.2 · 큰골6.8 · 고씨굴0.5킬로미터). 복자기 · 생강 · 난티 · 박쥐나무를 보면서 땀을 닦고 한숨 돌린다. 오른쪽으로 바위와 소나무 호젓한 산길, 물푸레 · 피나무 사이 산조팝나무 드문드문 바위와 키를 잰다. 산수유 · 정향나무, 아주 옛날에 보았던 창날 모양의 산뽕나무 검지(劍持)다.

발아래 보이는 정겨운 강원도 산마을. 바위산길 팥배 · 굴참 · 노간주나무,

고씨굴 입구

팥배나무는 잎이 두껍다. 10시 반경 꼬리진달래 군락지인데 꽃은 모두 졌다. 껍데기 세로로 갈라진 피나무 지나서 완만한 산속, 햇볕을 가린 박달·산벚·신갈·소나무 숲길은 넓고 큰 흙산(肉山), 그래서 산이 크고 숲과 주변 풍광이 아름다운 태화산(太華山)이다. 10시 45분, 큰 소나무에 기대서 바라보는 바위산이 전망대인듯. 잠시 내리막 아래, 길도 없는데 외씨버선길(관풍헌11.4·김삿갓면사무소12.2킬로미터) 팻말이다. 우리는 앞으로 곧장 간다. 영월과 청송·영양·봉화 4개 지역이 걷기 열풍에 2009년 무렵 둘레길을 만들었다. 마을길·산길을 연결한 광역권사업으로 주왕산에서 영월 관풍헌까지 170여 킬로미터에 이른다.

소나무 숲은 크고 넓어서 문명 속에 이기적으로 찌든 마음을 순화시키기 좋은 곳이다. 걸으면서 자연에 순응하며 살리라 다짐한다. 나는 산과 결투하는 것을 좋아하지 않는다. 그렇지 않았다면 히말라야, 알프스 등 해외 원정등정에 나서고 남았을 것이다. 신갈·박달·굴참·산벚·물박달나무는 하늘을 가려 숲을 만들었고 가운데층은 당단풍·생강나무, 아래층은 쇠물푸레 나무들이 서로 조화를 이루었다. 경사가 급해 배낭끈을 바짝 조아 오르는데 웃옷은 벌써 다 젖었고 땀이 흘러내려 등산화까지 젖을 태세다.

복자기나무

산벚나무 겹지

산수유

꼬리진달래

숲길

외씨버선길

11시 10분, 암봉 914미터 바위봉우리(정상3·고씨굴2.7킬로미터)에 앉으니 소나무 그늘 아래 쇠물푸레 나무는 살랑살랑 이파리를 흔든다. 꼬리진달래, 싸리나무 너머 멀리 영월읍내 훤하게 굽어보인다.

남한강 물길은 구부러져 흐르고 소나무 굵은가지는 반지 낀 모양으로 불룩한 기형이다. 나무에 앉은 부엉이가 방귀를 뀌면 독해서 혹이 만들어지는 소나무 혹병, 참나무 포자가 바람에 날려 소나무에 생기는 병인데 부엉이방귀나무라 불리는 복력목(福力木)이다. 복을 주는 나무, 덩어리 나무를 뜻하는 동괴

영월읍내

목(同塊木)이라고도 한다. 밤에 보면 나뭇가지에 앉은 부엉이 같다. 조상들은 이 나무로 새, 솟대, 쌀독의 됫박을 만들었고 지신밟기 때도 복을 부르는 도구로 썼다. 부엉이방귀나무 됫박으로 쌀을 푸면 부자 되고 복 나간다 해서 남에게 주는 것을 꺼렸다. 혼수예물의 으뜸으로 가까이 두면 액운을 떨쳐 행운을 준다고 믿었다. 복력목 위쪽의 솔잎을 삶아 뇌졸중·중풍·간질병 예방약으로, 강장제로도 썼다. 부엉이 방귀를 뀌면

소나무혹병

밤송이 벌어지고 오곡백과 풍년이 온다는 것. 부엉이 소리가 "부엉 부엉 부흥 ~" 나중엔 부흥으로 들린다 해서 부흥(富興)상회 이름도 많았다. 부자 되어 잘 산다는 바람이었을 것이다. 근대화시기 읍면마다 부흥상회 간판을 단 가게들이 즐비했다.

남한강

강으로 가는 산줄기

　11시 40분 정상을 향해 발길 옮기며 왔던 길 뒤돌아보니 강물에 잠긴 산자락이 흐르고 고씨굴 뒷산은 마치 한 마리 짐승 등줄기를 보는 것 같다. 남한강 물속으로 뛰어들 자세다. 산 능선은 잘생긴 바위길인데 소나무·신갈·당단풍·미역줄·철쭉·생강·쇠물푸레·개옻나무, 역시 강원도 산답게 숲길마다 생강나무 천지다. 정오 무렵 돌무더기 남아있는 고구려 토성 태화산성 갈림길(팔괴리1.7·태화산성0.3·큰골4·정상2.4·고씨굴3.3킬로미터)이다. 옛날 힘센 남매에게 어머니는 돌 쌓는 내기를 시켰다. 아들에게 돌성을, 딸은 태화산 흙성을 쌓게 했는데 아들보다 먼저 쌓을 것 같아 성을 무너뜨려 딸은 깔려 죽고 말았다. 그래서 태화산성이 무너졌다고 전한다.

　팔괴리 쪽 "오그란이" 이름이 특이하다고 한다.
　"오그라졌다는 것이겠지."
　"……."
　나중에 알아보니 오그란이는 땅 모양이 오그라진 곳으로 얕은 냇물에 멱 감고 놀던 장소다. 일대에 영월 엄씨들이 많이 산다. 사약을 받고 죽은 단종의 시신이 강물에 떠 다녀도 후환이 두려워 엄두를 못 냈을 때 엄씨가 수습해 주었다고 한다.

　신갈나무 숲 능선 길은 평탄해서 걷기에 딱 좋고 왼쪽 나무 아래 남한강 물
길이 시원하다. 멧돼지들이 흙을 뒤집어 놨다. 헬기장인지 풀밭인지 분간 안
되지만 싸리나무 아래 분홍빛을 내민 며느리밥풀 꽃이 안쓰럽다. 거의 3시간
걸어서 처음 등산객 2명을 만났다. 멀리 건너편 백두대간 능선위로 둥둥 뭉게
구름, 산 아래 질주하는 요란한 소리가 시끄럽다. 참나무 겨우살이 잎은 길 위
로 떨어졌고 지나가는 사람들이 대뜸 투덜댄다.

　"영림서에서 뭐하는 거야."

　"……."

　그루터기에 걸려 하마터면 그들은 넘어질 뻔 했다.

　지방산림청으로 바뀐 지 오래됐는데 과거 산도감(山都監) 오명은 아직도 남
아 있는 것 같다.

　산 아래 강물은 유유히 단양으로, 서울로 흐르고 우리도 남쪽으로 흘러간

다. 12시 15분 전망대 아래 강물이 돌아쳐 생긴 들판, 직선과 곡선이 어우러져 동양화다. 그 속에 집과 나무가 들어 있다.

12시 30분에 고사목 있는 곳에서 아래쪽 바라보니 강물, 그 위로 산, 구름, 고개 들자 가지에 달린 신갈나무 이파리다. 구름 떠다니는 전망대에서 잠깐 숨을 돌리고 걷는 길, 이쯤이 강원·충청 접경지대일 것이다. 신갈·미역줄·노린재나무, 초롱꽃·족도리풀도 그늘에서 용케 자란다. 뻐꾹채는 보랏빛 꽃을 달고 외롭게 홀로 섰다. 12시 45분 갈림길(큰골2.2·고씨굴5.1·정상0.6킬로미터), 돌배나무 지나고 능선길 신갈나무 아래서 겨우살이 잎을 줍는데 확실히 두껍고 크다. 두 사람이 지나가며 무얼 줍느냐고 묻는다. 하늘을 보니 나무 꼭대기 겨우살이 빼곡히 점령했다. 우산나물·삿갓나물·까치수염……. 터리풀은 흰 꽃이 떨어져서 꽃대만 남았고 취나물 꽃은 그늘 밑이라 더욱 하얗다.

겨우살이

오후 1시 태화산 정상(1,027미터). 강원도 영월읍과 충북 단양 영춘면 경계다. 신증동국여지승람에 영월 남쪽 16리에 대화산(大華山)이 있다고 했다. 단양에서 2001년, 2004년 영월에서 세운 표지석 2개다. 지리산 삼도봉처럼 하나로 같이 세웠으면 좋았을 텐데……. 아쉬움이 남는다. 관광차로 온 사람들이 군데군데 사진 찍고, 마시고, 먹고 있다. 배려는 못할망정 피해를 주지 말아야 할 것 아닌가? 산에까지 와서 저렇게 떠들고 치근대며 저질 막말을 해대고 있으니, 자라나는 세

우람한 산자락

대들이 무엇을 배우겠는가? 공중도덕이 완전히 무너졌다.

북벽에서 올라오는 일행이 도착하지 않아 배낭은 두고 마중하러 내려가면서 겨우살이 잎을 줍는다. 40분쯤 지나 다시 만났다. 이곳에 사는 물푸레나무 잎은 둥근 모양으로 크고 찰피나무도 아주 큰 심장모양이다. 거의 2시 되어 옹기종기 둘러앉아 도시락을 먹고 내려간다. 숲길에 팥배 · 난티나무, 삿갓 · 우산나물 발아래 띄엄띄엄 자란다. 북벽 쪽으로 내려가는 길은 흘러가는 강을 볼 수 없어서 아쉽지만 걷기 좋은 산길이다. 3시경 숲을 잠시 벗어나자 억새풀이 살랑거리면서 반짝이는 햇살을 턴다.

능선길 내려서 억새는 더욱 무성한데 길옆에 귀룽나무다. 하얀 꽃 모양이 구름 같다고 구름나무, 귀룽나무. 나무껍질이 거북이 등처럼 생겼고, 줄기와 가지가 용트림을 하는 것 같다고 구룡목(九龍木)이라 한다. 잎은 어긋나게 달려 길게 둥글고 잔 톱니가 있다. 뒷면은 회갈색, 잎자루가 약간 길다. 5월에 하얀 꽃 피고 높은 산 골짜기에 잘 자란다. 추위·공해에 강하다. 새 가지와 잎은 햇볕에 말려서, 열매기름을 짜 설사약으로, 달이거나 술을 담가 강장제·근육마비에 썼다. 가지를 꺾으면 냄새 나서 벌레들이 싫어한다.

충층·엄나무, 파리풀·송이풀, 이들과 짝을 이루는 요강나물은 보이지 않는다. 이정표(태화산1.5·휴석동3.7킬로미터) 지나 어느덧 자갈이 깔린 임도에 이른다. 몇이 누워서 하늘 보니 푸른 소나무에 더욱 파랗고 구름도 어울려 하늘을 수놓는다. 바닥에 닿은 등은 지압 하는 것처럼 시원하다. 3시 40분경 숲길을 내려간다. 다음에는 팔괴·오그란이에서 고씨굴로 걷자고 한다. 다소 어설픈 길을 내려서자 하얀 밀나물 꽃은 그루터기를 감고 칡꽃 냄새가 코끝에 진하다. 지도에는 화장암이라 표시돼 있는데 연못 너머 개소리만 요란하다.

오후 4시 반경 느티나무 고목에 서니 그나마 북벽의 강물은 눈앞에서 흘러간다. 시무·뽕·닥나무 길 지나 농장 근처로 내려왔다. 일행은 닥나무를 오징어 말리는 재료로 사용한 재롱을 기억하고 있었다. 나무가 쉽게 부러져 오징어 다리에 끼우는 일을 "탱기친다"고 했다. 꺾으면 딱 소리가 나서 딱나무·닥나무다, 밭둑에 자라며 잎 가장자리에 톱니가 있고 갈라지기도(缺刻) 한다, 종이를 만들지만 잔가지가 질겨서 어릴 때 껍질을 벗겨 팽이채로도 썼다. 닥나무 찐 껍질을 벗겨 안쪽의 흰 것(白皮)을 말려 잿물에 삶는다. 표백한 뒤 두들겨 섬유질을 물에 풀어 발(簾)로 떠서 말리는 과정이 한지(韓紙) 만드는 방식이다. 화지(和紙), 당지(唐紙), 양지(洋紙)와 구분했다. 닥나무 껍질의 저피(楮皮)에서 조비, 조회, 종이로 변한 것으로 여겨진다.

돌아오는 차 안에서 단양 지명을 잘 지었다고 생각한다.

"강물을 붉게 물들인 노을이 아름다워 붉을 단(丹), 햇볕 양(陽), 가로수로 불

북벽 근처의 산하

닥나무

타는 듯 한 복자기나무를 심은 것은 일리 있다고 봅니다."

"그런 의미가 있었구나."

"……."

일행들이 맞장구친다.

"단풍의 여왕이니 단양에 어울리는 나무다."

양(陽)자 붙은 지명에 대해 힘주어 말한다.

"땅이름에 양(陽)은 함부로 안 써요. 배산임수(背山臨水), 자좌오향(子坐午向) 이래야 양을 붙입니다. 북을 등지고 남향으로 뻗었으니 이런 곳은 명당지역입니다."

"……."

"밀양(密陽)은 햇볕이 깊숙해서 은밀하고 산자락 햇빛을 다 받는 함양(咸陽), 담양(潭陽)은 못에 드리운 햇살."

"……."

"그럼 양양(襄陽)은 뭐지?"

"더 하우스 오브 라이징 선."

"해 뜨는 집, 아니 고장입니다. 볕이 좋으니 송이가 많이 나요."

"진양 · 한양……."

"우리 집 김양도 있다."

"……."

원래 단양은 연단조양(鍊丹調陽)의 줄인 이름이라 전한다. 연단은 신선이 먹는 환약, 조양은 햇살이 고르게 비치는 신선이 살던 곳이다 단풍나무 식구인 복자기나무는 이파리가 불타는 것 같아 귀신 눈병을 고칠 만큼 아름다워 귀신 안약나무(鬼目藥)라 부른다. 중북부 산속에 잘 자라며 박달나무처럼 단단하고 무늬가 좋아서 나도박달, 가구재·악기를 만드는 데 쓴다. 단풍의 으뜸. 일행이 탄 차는 아직도 현재 진행형이다.

● 정상까지 6킬로미터, 3시간 30분 정도

고씨굴 주차장 → (5분)다리건너 동굴입구 → (25분)오르막 지나서 고갯마루 이정표 → (50분)외씨버선길 갈림 → (20분)암봉 → (50분)태화산성 갈림길 → (15분)전망대 → (30분)큰골 갈림길 → (15분)태화산 정상

* 조금 빠르게 두 사람 걸은 평균 시간(기상·인원수·현지여건 등에 따라 다름).

참고문헌

- 녹색세계사, 이진아 옮김 2003.
- 월든, 헨리데이비드 소로 2013.
- 신증동국여지승람 1~7, 민족문화추진회 1988.
- 한국의 민속종교사상, 삼성출판사 1985.
- 한국의 실학사상, 삼성출판사 1985.
- 한국의 근대사상, 삼성출판사 1985.
- 한국의 유학사상, 삼성출판사 1985.
- 한국의 불교사상, 삼성출판사 1985.
- 옛 시정을 더듬어, 손종섭 1992.
- 옛 시조감상, 김종오 1990.
- 해방 전후사의 인식1~6, 한길사 1989.
- 매월당 김시습, 이광수 1999.
- 남명조식의 학문과 선비정신, 김충열 2008.
- 선(禪), 고은 2011.
- 육조단경, 혜능 2011.
- 답사여행의 길잡이 1~12, 한국문화유산답사회 1999.
- 나의 문화유산 답사기1~6, 유홍준 1995.
- 삼국유사, 을유문화사 1976.
- 삼국사기, 일문서적 2012.
- 인물 한국사, 이현희 1990.
- 병자호란1~2, 한명기 2014.
- 역사산책, 이규태 1989.
- 등산이 내 몸을 망친다, 비타북스 2013.
- 미학, 하르트만 1983.
- 한국 가요사 1~2, 박찬호 2009.
- 현대시학, 홍문표 1991.
- 행복의 심리학, 이훈구 1997.
- 소나무 인문사전, 인문자원연구소 2015.
- 한국건축 용어사전, 김왕직 2012.
- 전설 따라 삼천리, 명문당 1982.
- 한국의 야사, 김형광 2009.
- 한국의 민담, 오세경 엮음 1998.
- 조선중기의 유산기 문학, 집문당 1997.
- 우리 동학, 한국컨텐츠연구원 2015.

- 택리지, 을유문화사 2013.
- 우리나무 백가지, 이유미 1999.
- 터, 손석우 1994.
- 우리 땅 우리풍수, 김두규 1998.
- 침묵의 봄, 레이첼 카슨 2009.
- 숲속의 문화 문화속의 숲, 임경빈 외 1997.
- 한국의 사찰, 김학섭 1996.
- 사찰기행, 조용헌 2010.
- 한국귀신 연구, 신태웅 1989.
- 한국불상의 원류를 찾아서 1~3, 최완수 2002.
- 한국수목도감, 임업연구원 1987.
- 사랑 그리고 마무리, 헬렌 니어링 2000.
- 조화로운 삶의 지속, 헬렌 니어링 2002.
- 생명사랑 십계명, 제인구달 2003.
- 명상록, 마르쿠스 아우렐리우스 1988.
- 에밀, 루소(대문출판사) 1978.
- 한국철학 사상사, 한국철학사연구회 1999.
- 위대한 탐험가들, 이병렬 옮김 2010.
- 우리 강을 찾아서, 한국수자원공사 2007.
- 등산기술 백과, 손경호 1993.
- 한국 600산 등산지도, 성지문화사 2009.
- 찾아가는 100대 명산, 산림청 2006.
- 세계는 기적이라 부른다, 산림청 2007.
- 성씨의 고향, 중앙일보사 1986.
- 조선왕조실록, 박영규 1998.
- 고려왕조실록, 박영규 1998.
- 삼국왕조실록, 임병국 2001.
- 우리자연 우리의 삶, 권혁재 2011.
- 산림경제 1~2, 민족문화추진회 1985.
- 한국사상사, 유명종 1995.
- 한국유학사, 배종호 1997.
- 종의 기원, 을유문화사 1983.
- 현대시학, 홍문표 1991.
- 동물기, 을유문화사 1969.
- 서울 땅이름 이야기, 김기빈 2000.
- 땅이름 국토사랑, 강길부 1997.
- 인간 본성에 대하여, 에드워드 윌슨 2011.
- 범패의 역사와 지역별 특징, 윤소희 2016.

3. 못다 이룬 도읍지 계룡산

4. 두타산에서 느끼는 고진감래